WILLI ELSNER

Qualitäts management für Baubetriebe

TEIL 1
Information und Anleitung

TEIL 2
Das QM-Musterhandbuch für Baubetriebe

SPRINGER FACHMEDIEN WIESBADEN GMBH

ISBN 978-3-322-84890-1 ISBN 978-3-322-84889-5 (eBook)
DOI 10.1007/978-3-322-84889-5

Vorwort des Verfassers

In den Ländern der Europäischen Union kann jeder Auftraggeber von seinem Auftragnehmer den Nachweis eines bestehenden und wirksamen Systems zur Sicherung der Qualität (QM-System) verlangen. Der Nachweis wird erbracht durch ein Qualitätsmanagement-Handbuch (QM-Handbuch), in dem Aufbau, Organisation und Handhabung des Systems dargestellt sind.

Der Inhalt und der Umfang der zu führenden Nachweise ist festgelegt in den DIN EN ISO 9001 bis 9003 - Qualitätsmanagementsysteme -, wobei die DIN 9001 die umfassendste ist, während in den Fassungen der DIN 9002 und 9003 die Nachweise reduziert sind.

Der Nutzen eines QM-Systems kann wie folgt zusammengefaßt werden:

Vorteile

1. Sinn und Zweck von QM ist die Vermeidung von Fehlern. Fehler kosten Zeit und Geld, weniger Fehler kosten weniger Geld. Daher kann sinnvoll betriebenes QM wirtschaftlich sein.
2. Das QM-System verlangt klare Festlegungen von Zuständigkeiten und Verantwortlichkeiten. Dadurch werden vorhandene Lücken und Schwachstellen in der Firmenorganisation offengelegt.
3. Die Festlegung von Verfahrensabläufen (Bearbeitungsabläufen) schließt Informationslücken zwischen den Fachabteilungen.
4. Durch festgelegte Schulungen erhalten die Mitarbeiter Kenntnisse über das QM-System und werden zur Mitarbeit motiviert.

Nachteile

1. Alteingeführte Begriffe wie Qualität, Qualitätsprüfung und Produkt haben einen neuen Inhalt bekommen.
2. Der Text der neuen Europäischen Normen ist teilweise unverständlich, z. B. Design für technische Bearbeitung.
3. Der Aufbau eines firmenspezifischen QM-Systems ohne Vorkenntnisse und ohne fremde Hilfe erfordert einen hohen Zeit- und Personalaufwand.
4. Ein halbherzig betriebenes QM-System bringt keine Verbesserungen und kostet nur Geld.

Das vorliegende Handbuch „Qualitätsmanagementsystem für Baubetriebe“ enthält neben der Einführung in das Qualitätsmanagement, einer Schilderung der Anforderungen und Empfehlungen ein Musterhandbuch für einen Baubetrieb mit „normaler“ Struktur und Organisation.

Das Handbuch soll eine Vorlage sein zum Umschreiben auf firmenspezifische Verhältnisse.

QM-System für Baubetriebe

Inhaltsverzeichnis

Teil I Informationen und Anleitung

Teil II Das QM-Musterhandbuch für Baubetriebe

Teil I

Information und Anleitung

1.1 Begriffe

1.2 Erarbeitung eines QM-Systems - Phasenplan

1.3 Zertifizierung eines QM-Systems - Phasenplan

1.4 Das QM-Handbuch

1.5 Das Schlüsselelement Organigramm

1.6 Das Schlüsselelement Zuständigkeitsmatrix

1.7 Das Schlüsselelement Grundsatzerklärung

1.8 Das Schlüsselelement Verfahrensablauf

1.9 Liste der Verfahrensanweisungen

1.10 Ablauf eines Audits

1.11 Literaturhinweise

Vorbemerkung:	Einige Begriffe, z. B. Qualität und Produkt, haben nach den neuen Normen einen anderen Inhalt, als sie ihn bisher umgangssprachlich hatten, und bedürfen daher der Erläuterung.
Qualität	Die subjektive Verbindung des Begriffes „Qualität" mit besonderen Eigenschaften kann im Qualitätsmanagement nicht aufrechterhalten werden. Qualität bezeichnet die Gesamtheit der Eigenschaften und Merkmale eines Produktes oder einer Dienstleistung, die sich auf deren Eignung zur Erfüllung festgelegter oder vorausgesetzter Erfordernisse beziehen. In der Praxis sind es die im Vertrag festgelegten Anforderungen oder durch bindende Gesetze, Regelungen oder Vorschriften geregelte Festlegungen.
Produkte	sind das Ergebnis von Tätigkeiten oder Prozessen. Sie können materiell sein, aber auch immateriell, z. B. Dienstleistungen, Berechnungen, Zeichnungen, Hardware oder Software aus dem Bereich der EDV.
Qualitätspolitik	Unter Qualitätspolitik versteht man die umfassenden Absichten und Zielsetzungen des Unternehmens zur Qualität. Sie sind in einer formellen Erklärung durch die oberste Leitung des Unternehmens festzulegen.
Qualitätsmanagement	ist die Zusammenfassung aller Tätigkeiten und Zielsetzungen mit qualitätsbezogener Bedeutung auf allen Bearbeitungsebenen. Bis 1994 wurde dafür die Bezeichnung Qualitätssicherung verwendet, die seitdem nicht mehr verwendet werden soll.
QM-Handbuch	ist ein Dokument, welches die Qualitätspolitik des Unternehmens, das QM-System, die Organisation, Verantwortungen, Zuständigkeiten und Verfahrensabläufe darstellt und festlegt.
Qualitätsprüfungen	Bisher wurde die Qualität am materiellen Produkt überprüft. Bei Anwendung eines QM-Systems werden darüber hinaus alle Verfahren und Prozesse überprüft und überwacht, die einen wesentlichen Einfluß auf die Qualität im Sinne der DIN haben. Das beginnt mit der Angebotsbearbeitung und umfaßt insgesamt 20 Vorgänge. Dieses sind die „20 Elemente des Qualitätsmanagements".

Oberste Leitung

ist die Unternehmensleitung bzw. die Geschäftsleitung, d. h. das Gremium, das die Geschäftspolitik festlegt und die Gesamtverantwortung trägt.
Ein Mitglied dieser Führungsebene muß - neben anderen Aufgaben - zuständig, bevollmächtigt und verantwortlich sein für das Qualitätsmanagementsystem (QM-System).
In größeren Unternehmen mit Niederlassungen, Werken oder selbständigen Teilbereichen können deren Leiter mit der Leitung der QM-Organisation beauftragt werden.

Audit

ist eine systematische und unabhängige Untersuchung zur Feststellung der Eignung und der Wirksamkeit der qualitätsbezogenen Tätigkeiten.
Entsprechend der Aufgabenstellung unterscheidet man Qualitätsaudits, Produktaudits, Verfahrensaudits, Sytemaudits, interne Audits (im eigenen Unternehmen), externe Audits (bei Nachunternehmern), Zertifizieungsaudits u.a.

Zertifizierung

ist der Nachweis durch eine dafür zugelassene Stelle, daß ein funktionierendes QM-System vorhanden ist. Der Nachweis wird durch ein Zertifikat bestätigt.
Zertifizierung ist vergleichbar mit der Fremdüberwachung bei der bisherigen Güteüberwachung.
Eine Zertifizierung ist nicht zwingend vorgeschrieben, kann jedoch per Vertragsrecht vom Auftraggeber verlangt werden und wird daher wohl unerläßlich sein.

Akkreditierung

ist ein Verfahren, mit dem die Fähigkeit einer Organisation festgestellt wird, Zertifizierungen durchführen und Zertifikate ausstellen zu können.

Dokumentation

ist Summe aller Tätigkeiten, mit denen qualitätsrelevante Aufzeichnungen, gesammelt, geordnet und zum Zwecke des jederzeitigen Wiederfindens aufbewahrt werden.

Dokumente

Im Sinne von QM sind Dokumente Aufzeichnungen, in denen der Abschluß einer Bearbeitung oder das Ergebnis einer Prüfung bestätigt wird.

Phasenplan

Phase 1 – Schulung/Information

Erwerb eines branchentypischen QM-Muster-Handbuches.
Bestellung eines QM-Beauftragten.
Vorbereitung und Durchführung eines Tagesseminars im Unternehmen für Mitarbeiter mit Qualitätsverantwortung, z. B. Leiter der Qualitätsstelle, Leiter von Fachabteilungen, betriebliche Führungskräfte.

Anmerkung: Diese Phase dient der Information und der Motivation der Mitarbeiter zur Mitarbeit. Sie kann entfallen, sofern die Zielgruppe bereits an entsprechenden Schulungen oder Seminaren teilgenommen hat. Die Teilnahme der Unternehmensleitung ist sehr zu empfehlen.

Phase 2 – Vorbereitung

Gemeinsame Erarbeitung des QM-relevanten Firmenorganigramms, der Verantwortungsmatrix, der Grundsatzerklärung und der allgemeinen Grundlagen für das QM-System.
Vorauswahl der zukünftigen Zertifizierungsstelle.

Phase 3 – QM-Handbuch

Erarbeitung des QM-Handbuches, bestehend aus der Darstellung der Organisation, der Qualitätspolitik, der Darstellung des QM-Systems und der in der DIN 9001 angeführten 20 QM-Elemente einschließlich der zugehörigen Verfahrensabläufe.
Abstimmung des Handbuches im Unternehmen, Vorstellung des Handbuches bei den Mitarbeitern in einem Tagesseminar.
Eventuell Abstimmung mit der ausgewählten Zertifizierungsstelle.

Phase 4 – QM-Verfahrensanweisungen

Ausarbeitung der Gesamtliste der Anweisungen mit Verantwortungsmatrix, Ausarbeitung der 20 verschiedenen Verfahrensanweisungen, Festlegen von deren Handhabung, Festlegung der zu erarbeitenden Arbeitsanweisungen.

Phase 5 – QM-Arbeitsanweisungen

Ausarbeitung der QM-Arbeitsanweisungen, Einbindung/Verwendung vorhandener Anweisungen, z. B. aus bestehender Fremdüberwachung.

Phase 6 – Verbindliche Einführung im Unternehmen

Personaleinweisung, Schulung, Durchführung interner Audits, Verbindlichkeitserklärung.

Phasenablauf

Phase 1 – Grundsatzentscheidung

Die Zertifizierung eines QM-Systems ist nicht zwingend vorgeschrieben. Wenn keine Zertifizierung erfolgt, hat jeder Auftraggeber das Recht, die Existenz und die Wirksamkeit des QM-Systems durch eigene Audits im Unternehmen des Auftragnehmers zu prüfen. Das bedeutet im Extremfall, daß während eines Jahres ebenso viele Auditteams beim Auftragnehmer tätig werden, wie es verschiedene Auftraggeber gibt.
Im Falle einer Zertifizierung werden Existenz und Wirksamkeit des QM-Systems einmal jährlich von einem Auditteam festgestellt und bestätigt. Die Ablehnung des ausgestellten Zertifikats ist praktisch ausgeschlossen.

Phase 2 – Auswahl der Zertifizierungsstelle

Die Auswahl der Zertifizierungsstelle ist freigestellt. Zentral erfaßt sind zugelassene Zertifizierungsstellen bei der

TGA Trägergemeinschaft für Akkreditierung
Stresemannallee 13, 60596 Frankfurt.

Sinnvoll ist die Rückfrage bei der eigenen Fremdüberwachungsstelle.

Phase 3 – Vorbereitung

Führung eines Vorgespräches mit der Zertifizierungsstelle, das durch einen Fragenkatalog mit Selbstbeurteilung vorbereitet wird.
Klärung der Grundlagen des QM-Systems (z. B. DIN 9001 oder 9002).

Phase 4 – Prüfung des QM-Handbuches

Prüfung des QM-Handbuches und evtl. der Verfahrensanweisungen auf Vollständigkeit und Übereinstimmung mit den Vorschriften. Durchführung von Korrekturen bei festgestellten Abweichungen.

Phase 5 – Zertifizierung

Durchführung eines Zertifizierungsaudits im Unternehmen. Überprüfung, ob die Forderungen in allen Abteilungen erfüllt werden. Eventuell Durchführung von Korrekturmaßnahmen und Nachaudits.
Erteilung des Zertifikates für 3 Jahre.

Phase 6 – Zertifikatserhaltung

Jährliche Durchführung eines Überwachungsaudits.

Phase 7 – Zertifikatserneuerung

Alle 3 Jahre Durchführung eines Wiederholungsaudits (Re-Audit).
Erneuerung des Zertifikates für 3 Jahre.

Definition	Das QM-Handbuch ist ein Dokument, in dem die Qualitätspolitik des Unternehmens verbindlich festgelegt und das vorhandene QM-System ausführlich beschrieben ist.
Zweck	Für die interne Anwendung wird festgelegt, in welcher organisierten und kontrollierten Form die vertraglichen Qualitätsforderungen erfüllt werden. Die externe Verwendung des QM-Handbuches dient der Vertrauensschaffung bei potentiellen und realen Auftraggebern in die Fähigkeit des Unternehmens, Qualitätsanforderungen in gesicherter Form erfüllen zu können.
Inhalt	Der Mindestinhalt umfaßt die Qualitätspolitik des Unternehmens, die Organisationsstruktur, die Festlegung von Zuständigkeiten und Verantwortlichkeiten, die Darstellung der Verfahrensabläufe (Bearbeitungsvorgänge) sowie die festgelegten Maßnahmen zur Prüfung, Bewertung und Verbesserung des QM-Systems.
Umfang	Neben den organisatorischen Festlegungen umfassen die Festlegungen im QM-Handbuch alle qualitätsrelevanten Tätigkeiten bei der Erfüllung eines Vertrages, von der Angebotsbearbeitung über Vertragsprüfung, technische Bearbeitung, Einkauf, Erbringung der Bauleistung, Prüfung von Produkten und Verfahren, Fehlererkennungs- und -beseitigungsmaßnahmen bis zum Kundendienst (im Bauwesen durch Gewährleistung ersetzt).
Gliederung	Für QM-Handbücher ist keine besondere Gliederung vorgeschrieben. Es erleichtert jedoch die Erarbeitung eines QM-Handbuches und ist daher sehr zu empfehlen, sich weitgehend an die Gliederung zu halten, wie sie in der DIN EN ISO 9001 angegeben ist. Dann ist mit Sicherheit die Vollständigkeit gewährleistet, und die Zertifizierungsaudits werden ebenfalls erleichtert.
Form	Bei der Festlegung von Form und Format für das QM-Handbuch ist zu berücksichtigen, daß das Handbuch regelmäßig aktualisiert wird und daß das Handbuch sowohl komplett als auch in Abschnitten (z. B. an Mitarbeiter in Fachabteilungen) ausgegeben wird. Zu empfehlen ist die äußere Form der Loseblattsammlung im Format DIN A4 in Ringbuchbindung. Für Exemplare, die nicht dem Aktualisierungsdienst unterliegen (z. B. Verwendung in der Akquisition), ist eine beliebige äußere Form und ein beliebiger Einband denkbar.

Begriffe

Das Organigramm ist die schematische Darstellung der Verteilung von Funktionen und Zuständigkeiten auf Fachabteilungen der Organisation, evtl. auch auf Personen.

Der Begriff Organisation wird im Sinne der DIN auch für Gesellschaft, Unternehmen, Firma, Betrieb verwendet.

Grundsätzliches

Für die Darstellung der Organisation im QM-Handbuch sind nur die Bereiche der Organisation von Bedeutung, die qualitätsrelevante Aufgaben zu erfüllen haben.

Es bleibt dem Unternehmen unbenommen, zusätzlich dazu seine gesamte Organisation ausführlich darzustellen. Das geschieht zweckmäßigerweise als Vorspann oder Anhang und nicht als Bestandteil des Handbuches, da dieser dann auch unnötigerweise Gegenstand der Audits würde.

Namensnennung

Die Namensnennung der Ansprechpartner für den Auftraggeber ist notwendig.

Mit Rücksicht auf die regelmäßige Aktualisierung sollte die Namensnennung der Funktionsträger nur einmal, dafür jedoch zentral erfolgen. Dafür bietet sich das Organigramm an. Wenn hier die Namen der Funktionsträger genannt werden, dann kann im übrigen Handbuch eine neutrale Bezeichnung gewählt und auf die Namensnennung verzichtet werden.

Darstellungsform

Die Art der Darstellung, grafisch, mit Worten, mit oder ohne Verwendung von Symbolen, ist dem Unternehmen freigestellt.

Empfohlen wird eine allgemein verständliche Art der Darstellung. Sie sollte ohne die Verwendung erklärungsbedürftiger Symbole oder Begriffe erfolgen. Als Maßstab für die Verständlichkeit sollte der Sprachgebrauch der Mitarbeiter auf der Baustelle oder im Betrieb gelten.

Niederlassungen, Außenstellen, Werkstätten, stationäre Betriebe

Es muß nicht für jede dieser Unternehmenseinheiten ein separates QM-Handbuch erarbeitet werden, wenn sie im Organigramm entsprechend dargestellt werden.

Es wird empfohlen, diese Unternehmensbereiche in einer Linie wie die Fachabteilungen, z. B. Vertrieb, technisches Büro, Einkauf, Projektleitung, SF-Bau usw., anzuführen. Die Einbindung handelsrechtlich selbständiger Beteiligungsgesellschaften, Tochterunternehmen und dergl. erscheint problematisch, sofern sie keine Vertragspartner des Auftraggebers sind.

Definition

Der Begriff Zuständigkeit gilt als Zusammmenfassung der Begriffe Verantwortung und Vollmacht (auch Befugnis, Erlaubnis, Berechtigung, Ermächtigung).

Grundsätzliches

Die Zuständigkeitsmatrix ist die zusammenfassende Darstellung der Zuständigkeiten für die Behandlung der QM-Erfordernisse. Unterschieden werden mehrere Abstufungen:

D = Durchführungsverantwortung
M = Mitwirkungsverantwortung
I = Informationsverpflichtung

Es ist möglich, daß die Notwendigkeit besteht, zwei oder mehr Zuständige zu benennen.

Beispiel:
Bei Korrekturmaßnahmen sind der Leiter der Qualitätsstelle zuständig für die Korrekturen im QM-System und die Projektleitung für Korrekturen am materiellen Produkt. In diesem und in ähnlichen Fällen ist in der Darstellung der Verfahrensabläufe für entsprechende Klarheit bei den Zuständigkeiten zu sorgen.

Darstellungsform

Eine besondere Form der Darstellung ist nicht vorgeschrieben.
Die Darstellung mit Hilfe von Symbolen, die im Unternehmen nicht eingeführt sind und der Erläuterung bedürfen, kann nicht empfohlen werden. Als Maßstab für die Verständlichkeit sollte die Ebene der Mitarbeiter mit handwerklicher Ausbildung angesetzt werden.

Empfohlen wird eine einfache tabellarische Darstellung, die den Auftraggebern als Vertragspartnern, den Mitarbeitern und der Zertifizierungsstelle die Übersicht erleichtert.
Eine namentliche Benennung der Zuständigen ist hier nicht erforderlich.

Abstimmungsbedarf

Die Zuständigkeitsmatrix muß übereinstimmen mit der Zuordnung der Funktionen im Organigramm.

In der Darstellung der Verfahrensabläufe müssen die Zuständigkeiten mit den Angaben in der Matrix identisch sein.

Vorbemerkung	Die Grundsatzerklärung zur Qualitätspolitik ist immer eine Sache der Unternehmensleitung. Die Grundsatzerklärung richtet sich an die potentiellen und realen Auftraggeber, an die Mitarbeiter und an die Überwachungsstelle (Zertifizierungsstelle). Eine verbindliche Form ist nicht vorgeschrieben. Im Inhalt sollten jedoch Aussagen zu den nachfolgenden Stichwörtern enthalten sein.
Qualitätspolitik	Zur Zielsetzung der Qualitätspolitik gehören die Vermeidung von Fehlern und die sichere Erfüllung der von den Auftraggebern gestellten Anforderungen.
Mittel der QM-Politik	Das Mittel der QM-Politik ist das Qualitätsmanagenentsystem (QM-System).
DIN-Grundlage	Zu benennen ist die Grundlage des QM-Systems: DIN EN ISO 9001, wenn komplette Leistungen erbracht werden, DIN EN ISO 9002, wenn keine technische Bearbeitung erfolgt, DIN EN ISO 9003, wenn Produkte nur geliefert werden.
Oberste Leitung	Es ist das Mitglied der obersten Leitung zu benennen, das auf höchster Unternehmensebene für das Qualitätsmanagement zuständig ist.
Verbindlichkeitserklärung	Das QM-System muß als verbindlich für alle Mitarbeiter erklärt werden.
Kostentragung	Die oberste Leitung muß erklären, daß sie die Kosten des QM-Systems trägt.
Zusätze	Wirtschaftlicher Erfolg muß in der Zielsetzung nicht ausgeklammert werden, ebensowenig wie der Einsatz des QM-Systems zur Vertrauenswerbung bei potentiellen Auftraggebern im wirtschaftlichen Wettbewerb.

Vorbemerkung:

Neben der Grundsatzerklärung, dem Organigramm und der Verantwortungsmatrix sind die Darstellungen der Verfahrensabläufe von grundsätzlicher Bedeutung, da sie die direkte Vorlage für die Verfahrensanweisungen sind.

Das Musterhandbuch ist so aufgebaut, daß die Darstellung der Verfahrensabläufe in den nachfolgenden Punkten 1-6 nahezu wörtlich in Verfahrensanweisungen übernommen werden kann und dort um die Punkte 7-10 erweitert wird.

1. Zweck

Hier wird festgelegt, welches Ziel mit dem Verfahren erreicht werden soll.

2. Geltungsbereich

Die betroffenen Fachbereiche des Unternehmens werden benannt.

3. Begriffe

Hier werden Begriffe erläutert, die firmenspezifisch sind, oder Abkürzungen oder Normenbegriffe, die nicht unbedingt im Unternehmen gebräuchlich sind.

4. Zuständigkeiten

Die Zuständigkeiten für alle Tätigkeiten müssen in Übereinstimmung mit dem Organigramm festgelegt werden. Zweckmäßigerweise werden die zuständigen Organisationsstellen benannt und keine Personennamen, da sonst jede Personalveränderung eine neue Verfahrensanweisung zur Folge hat.

5. Verfahrensablauf

Hier werden die Tätigkeiten im Ablauf des Verfahrens festgelegt. Es kann durchaus sinnvoll sein, Zuständigkeiten und Verfahrensablauf in einem Abschnitt gemeinsam zu behandeln.

6. Dokumentation

Hier wird festgelegt, welche Unterlagen benutzt werden, wo und wie lange sie aufzubewahren sind.

7. Änderungsdienst

Verfahrensanweisungen sind regelmäßig auf Zweckmäßigkeit und Wirksamkeit zu überprüfen und die Zuständigkeiten dafür festzulegen.

8. Verteiler

Hier wird festgelegt, wer die VA erhalten muß und den Empfang bestätigt. Benennungen siehe Zuständigkeiten.

9. Freigabevermerk

Die Freigabe ist deutlich zu machen durch Benennung und Datierung des Bearbeiters der VA, des Prüfers und der Freigabe durch den QM-Beauftragten.

10. Anlagen

Anlagen, z. B. Muster für Vermerke, können nach Bedarf zugefügt werden.

Vorbemerkung:
Das QM-Handbuch muß die Darstellung der Verfahrensabläufe enthalten. Die Verfahrensanweisungen (VA) sind als Bestandteil des QM-Handbuches nicht zwingend vorgeschrieben. In den Vorgesprächen mit der Zertifizierungsstelle sollte geklärt werden, wie in diesem Punkt einvernehmlich verfahren wird.

Falls Verfahrensanweisungen vereinbart werden, kann nachfolgende Liste als Vorlage dienen.

VA Handhabung des QM-Handbuches

VA Handhabung von Verfahrensanweisungen

VA Vertragsprüfung

VA Technische Bearbeitung

VA Handhabung von Dokumenten

VA Einkauf von Materialien

VA Nachunternehmerleistungen

VA Beigestellte Leistungen

VA Kennzeichnung und Rückverfolgbarkeit

VA Arbeitsvorbereitung und Leistungserbringung

VA Prüfungen und Prüfmittel

VA Fehlerhafte Leistungen

VA Korrektur- und Vorbeugungsmaßnahmen

VA Handhabung von Leistungen und Produkten

VA Qualitätsaufzeichnungen

VA Interne Qualitätsaudits

VA Personalschulung

VA Gewährleistungsansprüche

Vorbemerkung	Je nach Art des Audits, ob internes, externes oder Überwachungsaudit, werden Audits von qualifizierten eigenen Mitarbeitern oder von beauftragten Fremdstellen durchgeführt. Einzelheiten regelt DIN ISO 10011: Leitfaden für das Audit von QM-Systemen
Auditteam	Ein Auditteam besteht aus einem Auditor oder Auditleiter und einer aufgabenbezogenen Anzahl von Auditmitarbeitern. Alle müssen ihren Aufgaben entsprechend qualifiziert sein und dürfen keine qualitätsrelevante Verantwortung im betroffenen Auditbereich haben.
Auditvorbereitung	Erarbeitung der Aufgabenstellung, ausgehend von den durch DIN, Vertrag oder Sondervereinbarungen gestellten Anforderungen. Erarbeitung des Fragenkataloges, Festlegung des zeitlichen Ablaufs.
Durchführung	Aufnahme des Ist-Zustandes anhand des Fragenkataloges, Abschlußgespräch mit dem Personal der betroffenen Bereiche.
Auditbericht	Abfassen des Berichtes, Zusammenfassung der Ergebnisse, Herausstellung von Negativfeststellungen, Bewertung von Beanstandungen.
Korrekturmaßnahmen	Zuammenfassung der zu korrigierenden Mängel, Vorschläge zur Mängelbeseitigung, Fristsetzung zur Mängelbeseitigung.
Nachaudit	Wiederholung bzw. Teilwiederholung der Auditdurchführung im Bereich der zu korrigierenden Mängel.
Schlußbericht	Abfassen des Schlußberichtes, Verteilung des Schlußberichtes an die Unternehmensleitung, den Leiter der Qualitätsstelle, die Leiter der betroffenen Fachbereiche und andere festgelegte interne oder externe Stellen.

DIN 55350	Begriffe zu Qualitätsmanagement und Statistik
DIN EN ISO 9000-1	Normen zum Qualitätsmanagement und zur Qualitätssicherung; Leitfaden zur Auswahl und Anwendung
DIN ISO 9000-2	Qualitätsmanagement und Qualitätssicherungsnormen; Allgemeiner Leitfaden zur Anwendung von ISO 9001, ISO 9002, ISO 9003
DIN EN ISO 9001	Qualitätsmanagementsysteme - Modell zur Qualitätssicherung/ QM-Darlegung in Design, Entwicklung, Produktion, Montage und Wartung
DIN EN ISO 9002	Qalitätsmanagementsysteme - Modell zur Qualitätssicherung/ QM-Darlegung in Produktion, Montage und Wartung
DIN EN ISO 9003	Qualitätsmanagementsysteme - Modell zur Qualitätssicherung/ QM-Darlegung bei der Endprüfung
DIN EN ISO 9004-1	Qualitätsmanagement und Elemente eines Qualitätsmanagementsystems; Leitfaden
DIN EN ISO 8402	Qualitätsmanagement - Begriffe
DIN ISO 10011-1	Leitfaden für das Audit von Qualitätssicherungssystemen; Auditdurchführung
DIN ISO 10011-2	Leitfaden für das Audit von Qualitätssicherungssystemen; Qualifikationskriterien für Qualitätsauditoren
DIN ISO 10011-3	Leitfaden für das Audit von Qualitätssicherungssystemen; Management von Auditprogrammen
E DIN ISO 10013	Leitfaden für die Erstellung von Qualitätsmanagement-Handbüchern
DIN EN 45011	Allgemeine Kriterien für Stellen, die Produkte zertifizieren
DIN EN 45012	Allgemeine Kriterien für Stellen, die Qualitätssicherungssysteme zertifizieren
DIN EN 45013	Allgemeine Kriterien für Stellen, die Personal zertifizieren

Teil II

Das QM-Musterhandbuch für Baubetriebe

QM-MUSTERHANDBUCH FÜR BAUBETRIEBE

QM-Darstellung nach DIN EN ISO 9001 QUALITÄTSMANAGEMENTSYSTEME

Modell zur Qualitätssicherung/QM-Darlegung in Design, Entwicklung, Produktion, Montage und Wartung

Verantwortlichkeiten

Leiter der Qualitätsstelle:

____

Unterschrift/Datum

Freigabe durch:

____

Unterschrift/Datum

Verbindlichkeitserklärung durch:

____

Unterschrift/Datum

SCHUTZRECHTE

Das vorliegende QM-Handbuch enthält sehr vertrauliche Informationen über Firmenpolitik, Organisation, Verfahren, Personalstruktur und andere firmeninterne Gegebenheiten.

Es ist daher allen Handbuchempfängern untersagt, dieses

QM-HANDBUCH NR. 00

oder Teile davon an außenstehende Personen, Unternehmen oder Organisationen weiterzugeben.

Die Nichtbeachtung dieser Anweisung zwingt unser Unternehmen zu rechtswirksamen Maßnahmen.

Sofern Mitarbeiter aus dem Unternehmen ausscheiden oder nicht mehr mit qualitätsrelevanten Aufgaben betraut sind, sind alle Unterlagen über Qualitätsmanagement an die Qualitätsstelle zurückzugeben.

Die Unternehmensleitung

Grundsatzerklärung der Unternehmensleitung/Obersten Leitung

Die Qualitätspolitik unseres Unternehmens hat zum Ziel, Fehler bei der Abwicklung von Aufträgen zu vermeiden und unsere Auftraggeber durch Erfüllung der gestellten Anforderungen zufriedenzustellen.

Durch dieses Handbuch legen wir dar, daß wir als Instrument unserer Qualitätspolitik ein Qualitätsmanagementsystem unterhalten, nämlich ein QM-System auf der Grundlage der Norm

DIN EN ISO 9001 – Qualitätsmanagementsysteme
Modell zur Qualitätssicherung/QM-Darlegung in
Design, Entwicklung, Produktion, Montage und Wartung.

Dieses QM-System wird hiermit für alle Mitarbeiter unseres Unternehmens für verbindlich erklärt. Für die Durchsetzung, Einhaltung und Überwachung ist ein Beauftragter ernannt.

Die Wirksamkeit des Qualitätsmanagementsystems wird durch regelmäßige interne Audits überprüft und bei Erfordernis verbessert.

Weitere Zielsetzung des dargestellten Qualitätsmanagementsystems ist die Vertrauensbildung bei unsereren Auftraggebern in unsere Qualifikation zur Erfüllung der von ihm gestellten Anforderungen.

Die Unternehmensleitung verpflichtet sich zur Einhaltung dieser Erklärung und zur Bereitstellung der dazu erforderlichen Mittel.

____________________________ Datum: ______________

3.1 Zweck

In diesem Abschnitt werden die Handhabung des QM-Handbuches, seine Gliederung, die Herausgabe und Verteilung, die Aktualisierung und Änderungen sowie die Zuständigkeiten dafür festgelegt.

3.2 Anwendungsbereich

Firmenintern ist das QM-Handbuch verbindlich für alle Bereiche des Unternehmens, die im Organisationsplan dieses Handbuches aufgeführt sind.

Das QM-System ist bei der Bearbeitung aller Aufträge anzuwenden, auch wenn dies vertraglich nicht ausdrücklich vereinbart ist. Extern findet das QM-Handbuch Anwendung in allen Fällen der vertraglichen Vereinbarung sowie als Befähigungsnachweis in besonderen Situationen des Wettbewerbes.

Im Falle der Bildung einer Arbeitsgemeinschaft (ARGE) bleibt die interne Verbindlichkeit bestehen. Falls notwendig wird das QM-Handbuch durch auftragsspezifische QM-Pläne ergänzt.

3.3 Gliederung des Handbuches

Das QM-Handbuch ist in Abschnitte aufgegliedert, wobei alle Abschnitte mit Anforderungen an das QM-System, das sind die Abschnitte 4.1 bis 4.20, sinngemäß identisch sind mit der Gliederung der

DIN EN ISO 9001 – Qualitätsmangementsysteme – Ausgabe August 1994.

Für die Abschnittsüberschriften werden entsprechende Fachausdrücke aus der Bauwirtschaft verwendet.

Jeder Abschnitt ist mit einer Indexangabe und einem Datum gekennzeichnet und bildet in sich eine abgeschlossene Einheit.
Die Abschnitte sind einheitlich wie folgt untergliedert:

1. Zweckbeschreibung
2. Anwendungsbereich
3. Begriffe
4. Zuständigkeiten
5. Verfahrensablauf
6. Dokumentation
7. Mitgeltender Unterlagen

Veränderungen oder Austausch erfolgen immer für einen ganzen Abschnitt. Dabei erhält der veränderte oder ausgetauschte Abschnitt für alle Seiten einen neuen Index mit fortlaufender Ziffernfolge und das Datum der letzten Änderung.

Die Erscheinungsform des QM-Handbuches wird festgelegt als Loseblattsammlung in Ringbuchbindung.

3.4 Herausgabe/Verteilung

Die Herausgabe des QM-Handbuches erfolgt nur in vollständigem Umfang. Unterschieden werden zwei Formen der Herausgabe:

Kategorie 1: numerierte Exemplare mit gesichertem Aktualisierungsdienst
Kategorie 2: nichtnumerierte Exemplare ohne Aktualisierungsdienst

QM-Handbücher der Kategorie 1 erhalten zwingend
intern: alle Leiter von Fachabteilungen,
extern: alle Auftraggeber mit entsprechender QM-Vereinbarung.
Diese Empfänger des QM-Handbuches werden in einer Verteilerliste erfaßt.

QM-Handbücher der Kategorie 2 können verteilt werden an Vertragspartner ohne vertraglichen Anspruch auf Darlegung des QM-Systems, potentielle Auftraggeber, Organisationen, Verbände usw., soweit es für das Unternehmen von Nutzen sein kann. Die Weitergabe an diese Empfänger bedarf in jedem Einzelfall der Zustimmung der Obersten Leitung.

Die angeführten „Mitgeltenden Unterlagen“ sind nur für den internen Gebrauch bestimmt.

3.5 Aktualisierung/Änderungen

Das QM-Handbuch wird mindestens einmal jährlich vom QM-Beauftragten auf Wirksamkeit und Aktualität überprüft. Notwendige Änderungen werden vom QM-Beauftragten nach Genehmigung durch die Oberste Leitung durchgeführt und den Empfängern zugeleitet.

3.6 Zuständigkeiten

Oberste Leitung:	Verbindlichkeitserklärung, Entscheidung über Änderungen.
Leiter der Qualitätsstelle:	Erstausgabe des QM-Handbuches, Überprüfung der Aktualität, Erfüllung des Änderungsdienstes.
Leiter von Fachabteilungen:	Weitergabe von ausgewählten Abschnitten des QM-Handbuches an nachgeordnete, betroffene Mitarbeiter, Weitergabe der aktualisierten Abschnitte, Meldung von Aktualisierungsnotwendigkeiten an die Qualitätsstelle.

3.7 Dokumentation

Die Verteilerliste für Handbuchempfänger gemäß Kategorie 1 wird in der Qualitätsstelle aufbewahrt und verwaltet.

3.8 Mitgeltende Unterlagen

Verfahrensanweisung Handhabung des QM-Handbuches
Verteilerliste
Übergabeschreiben

Vorbemerkung

Bevor in den Abschnitten 4.1 bis 4.20 das QM-System in allen Einzelheiten dargestellt wird, erfolgt zunächst eine zusammenfassende Übersicht.

Die Zielsetzung	des Qualitätsmanagements ist von der Unternehmensleitung in der Grundsatzerklärung festgelegt.
Die Durchsetzung	des QM-Systems wird von dem benannten Mitglied der Unternehmensleitung sichergestellt.
Die Anwendung	des QM-Systems ist in allen Phasen der Vertragserfüllung, vom Angebot bis zur Gewährleistung, sichergestellt.
Die Dokumentation	sichert die Qualitätsaufzeichnungen in allen Phasen der Auftrags- und Vertragserfüllung.
Die Wirksamkeit	des QM-Systems wird durch regelmäßige, von der Unternehmensleitung veranlaßte Audits überprüft.
Die Schulung	aller Mitarbeiter, die mit qualitätsrelevanten Arbeiten betraut sind, ist fester Bestandteil des QM-Systems.
Die Struktur	Die Bestandteile des QM-Systems unterscheiden externe und interne Anwendung. Das QM-Handbuch auf der Grundlage von DIN EN ISO 9001 wird extern und intern angewendet. Verfahrensanweisungen (VA) und Arbeitsanweisungen (AA) werden ausschließlich intern angewendet. QM-Pläne für besondere Auftragsbearbeitungen werden ihrem Sinn entsprechend zugeordnet.

4.1 Verantwortung der Obersten Leitung/Unternehmensleitung

Die Qualitätspolitik des Unternehmens mit ihren Zielen ist in der Grundsatzerklärung festgelegt und dokumentiert.

Für die Verwirklichung und Aufrechterhaltung der Qualitätspolitik ist das im Organisationsplan benannte Mitglied der Obersten Leitung zuständig und verantwortlich.

Für die organisatorische Durchsetzung des QM-Systems ist die Qualitätsstelle eingerichtet und deren Leiter benannt.

Der Leiter der Qualitätsstelle ist für die Erfüllung seiner QM-Aufgaben ausschließlich der Obersten Leitung unterstellt. Er ist für die Erfüllung seiner QM-Aufgaben mit entsprechenden Vollmachten ausgestattet. Für leitende, ausführende und prüfende Tätigkeiten werden angemessene Mittel bereitgestellt und Mitarbeiterschulungen durchgeführt.

Die Zuständigkeiten der leitenden, ausführenden und prüfenden Mitarbeiter sind in einer Matrix festgelegt.

Die Eignung und die Wirksamkeit des QM-Systems werden von der Obersten Leitung in regelmäßigen Zeitabständen bewertet; falls notwendig werden Korrekturen des Systems veranlaßt.

4.1.1 Organisationsplan des Unternehmens

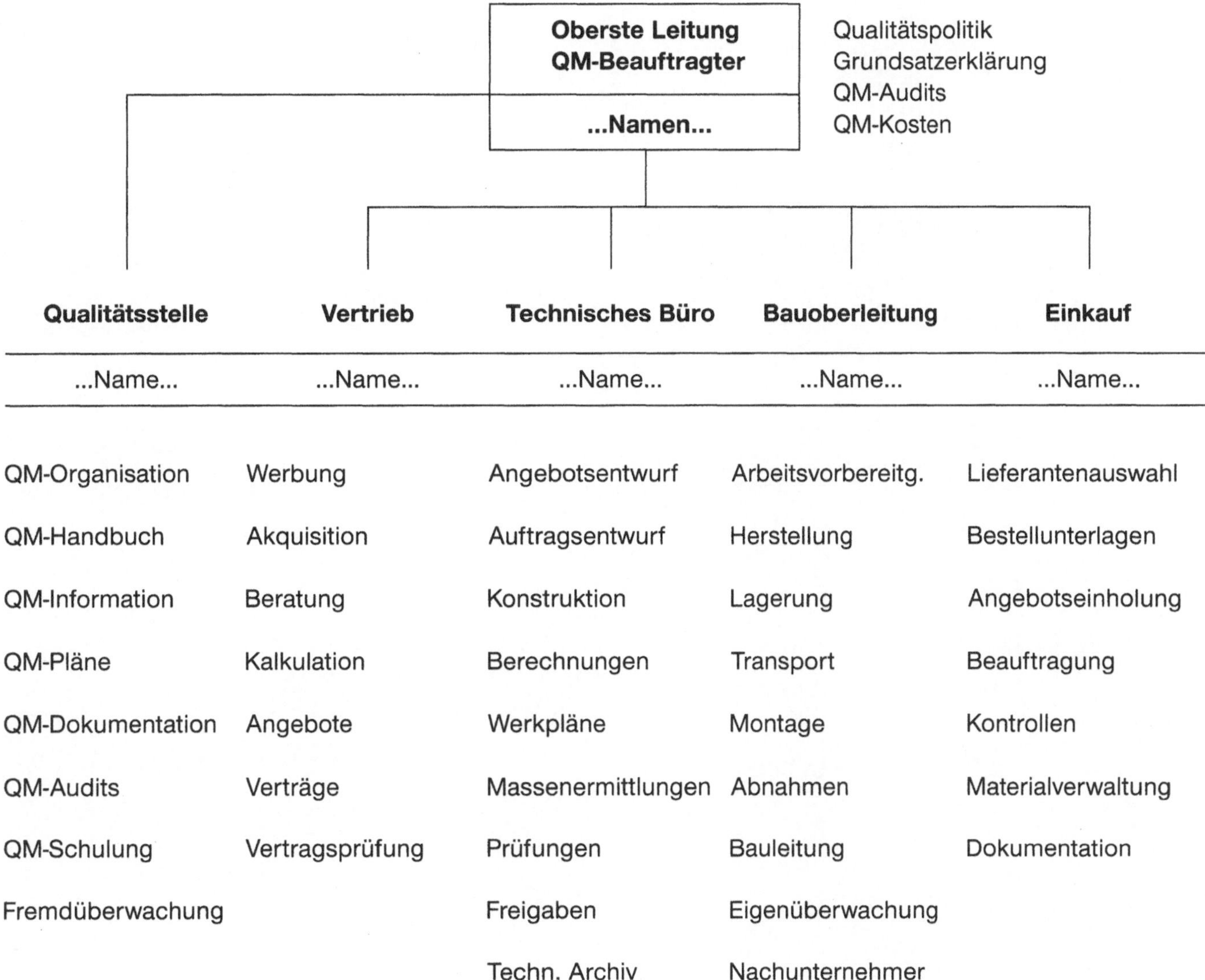

4.1.2 Zuständigkeiten und Verantwortlichkeiten

4.1.2.1 Leiter Qualitätsstelle

Er ist zuständig für die Verwirklichung des von der Obersten Leitung beschlossenen QM-Systems und in seiner Funktion als Leiter der Qualitätsstelle ausschließlich der Unternehmensleitung unterstellt und verantwortlich für:

Erstellung, Verteilung und Pflege des QM-Handbuches

Erstellung, Verteilung und Pflege von Verfahrensanweisungen

Erstellung, Verteilung und Pflege von Arbeitsanweisungen

Erstellung von auftragsbezogenen QM-Plänen

Organisation interner Qualitätsaudits

Durchführung externer Qualitätsaudits

Interne QM-Schulung

Qualifizierung von internen Prüfstellen und Prüfpersonal

QM-relevante Lieferantenlisten

Erfassung von Qualitätsabweichungen

Allgemeine Maßnahmen gegen Qualitätsabweichungen

Festlegung der Maßnahmen zur Handhabung fehlerhafter Produkte

Prüfplanung und Prüfmittel

Organisation von Fremdüberwachungen

Dokumentation des QM-Systems

4.1.2.2 Leiter Vertrieb

Der Leiter der Fachabteilung Vertrieb ist zuständig für die Einhaltung des QM-Systems bei allen Bearbeitungen von der Angebotsphase bis zur Vertragsprüfung.

Er ist verantwortlich für:

Entgegennahme der Kundenerwartungen und Anforderungen

Abstimmung von Anfragen mit den Fachabteilungen
- Technisches Büro
- Bauoberleitung
- Einkauf
- Qualitätsstelle

Überprüfung der Vertragsunterlagen

Verdeutlichung von Abweichungen vom QM-System

Übergabe von QM-Handbüchern extern

Vertragliche Festlegung des QM-Systems

Einsatz des QM-Handbuches im Wettbewerb

Auszugsweise Weitergabe des QM-Handbuches an Mitarbeiter der Fachabteilung Vertrieb

Weitergabe aktualisierter Auszüge aus dem QM-Handbuch an Mitarbeiter der Fachabteilung Vertrieb

4.1.2.3 Leiter Technisches Büro

Der Leiter der Fachabteilung Technisches Büro ist zuständig für die Einhaltung des QM-Systems im Bereich Angebotsentwurf, Auftragsentwurf, Konstruktion, technische Berechnungen, Werkpläne und zugehörige Ausführungsunterlagen.

Er ist verantwortlich für:

Überprüfung von Angebotsunterlagen auf QM-Anforderungen

Überprüfung von Vertragsunterlagen auf QM-Anforderungen

Klärung von Abweichungen vom QM-System

Meldung von QM-Systemabweichungen an die Qualitätsstelle

Dokumentation der vertraglichen Leistung

Systemgerechte Bearbeitung von Änderungen

Dokumentation von Vertragsänderungen

Auszugsweise Weitergabe des QM-Handbuches an Mitarbeiter der Fachabteilung Technisches Büro

Weitergabe aktualisierter Auszüge aus dem QM-Handbuch an Mitarbeiter der Fachabteilung Technisches Büro

4.1.2.4 Leiter Bauoberleitung

Der Leiter der Fachabteilung Bauoberleitung ist zuständig für die Einhaltung des QM-Systems im Bereich der Arbeitsvorbereitung, der Herstellung, des Transportes, der Montage, der eigenen Baustellen- und der Nachunternehmerleistungen einschließlich der Bauleitung dafür und der Eigenüberwachung.

Er ist verantwortlich für:

Prüfung der Vorgaben auf Ausführungsgerechtigkeit

Beschaffung bzw. Bereitstellung der Produktionsmittel

Prüfung und Bestätigung der Erfüllungstermine

Herstellung nach freigegebenen Unterlagen

Durchführung der Eigenüberwachung

Meldung fehlerhafter Produkte an Qualitätsstelle

Durchführung von Abnahmen und Übergaben

Überwachung und Abnahme von Nachunternehmerleistungen

Bearbeitung von Gewährleistungsansprüchen

Auszugsweise Weitergabe des QM-Handbuchs an Mitarbeiter seiner Fachabteilung

Weitergabe aktualisierter Auszüge aus dem QM-Handbuch an Mitarbeiter seiner Fachabteilung

4.1.2.5 Leiter Einkauf

Der Leiter der Fachabteilung Einkauf ist zuständig für die Einhaltung des QM-Systems im Bereich der Beschaffung für Materialien und Hilfsstoffe.

Er ist verantwortlich für:

Erfassung der Qualitätsanforderungen für Zulieferungen

Führung der Lieferantenlisten

Anforderung von QM-Nachweisen bei Lieferanten

Meldung von QM-Abweichungen an die Qualitätsstelle

Wareneingangsprüfung

Anweisungen für Lagerung und besondere Handhabung

Auszugsweise Weitergabe des QM-Handbuchs an Mitarbeiter seiner Fachabteilung

Weitergabe aktualisierter Auszüge aus dem QM-Handbuch an Mitarbeiter seiner Fachabteilung

4.1.3 Matrix der Zuständigkeiten und Verantwortlichkeiten

Gesamtverantwortung: Oberste Leitung/Unternehmensleitung

	Leiter Qualitätsstelle	**Leiter Vertrieb**	**Leiter TB**	**Leiter Bauoberleitung**	**Leiter Einkauf**
4.1 Qualitätspolitik	I	I	I	I	I
4.2 QM-System	D	I	I	I	I
4.3 Vertragsprüfung	M	D	M	M	M
4.4 Technische Bearbeitung	M	M	D	M	M
4.5 Handhabung d. Dokumente	D	M	M	M	M
4.6 Beschaffung/Einkauf	M	M	M	M	D
4.7 Beigestellte Leistungen	M	M	M	M	D
4.8 Kennzeichnung, Rückverfogung	M	I	D	M	I
4.9 Produktion, Montage, Baustellen	M	–	M	D	-
4.10 Prüfungen	M	I	M	D	M
4.11 Prüfmittel	M	–	-	D	-
4.12 Prüfstatus	M	I	M	D	I
4.13 Qualitätsabweichungen	M	M	M	D	M
4.14 Korrekturmaßnahmen	D	M	M	D	M
4.15 Handhabung, Lagerung, Montage	M	–	M	D	M
4.16 Qualitätsaufzeichnungen	D	M	M	M	M
4.17 Interne Audits	D	M	M	M	M
4.18 Schulung	D	M	M	M	M
4.19 Gewährleistung	M	M	M	M	M
4.20 Statistische Methoden	werden bei Erfordernis geregelt.				

Anmerkung:
D = Durchführungsverantwortung M = Mitwirkung I = Informationsempfang

4.2.1 Das QM-Handbuch

Das vorliegende QM-Handbuch ist entsprechend der Gliederung der DIN EN ISO 9001 für die Behandlung und Darstellung der QM-Elemente in den Abschnitten 4.3 bis 4.20 aufgebaut. Dadurch ist gewährleistet, daß alle Forderungen der DIN in diesem QM-Handbuch behandelt werden.
Die Untergliederung in den einzelnen Abschnitten ist weitgehend wie folgt einheitlich durchgeführt:

....1. Zweck

....2. Anwendungsbereich

....3. Begriffe

....4. Zuständigkeiten

....5. Verfahrensablauf

....6. Dokumentation

....7. Mitgeltende Unterlagen

4.2.2 Verfahrensabläufe, Verfahrensanweisungen

In jedem der Abschnitte 4.3 bis 4.20, d. h. für jedes QM-Element, ist der Ablauf des Verfahrens unter ....5. „Verfahrensablauf" dargestellt. Diese Darstellungen der Verfahrensabläufe sind identisch mit den in internen Verfahrensanweisungen ausführlicher behandelten Abläufen.
Die intern anzuwendenden Verfahrensanweisungen sind daher nicht Inhalt dieses Handbuches. Sie werden vielmehr in einem separaten Band „Verfahrensanweisungen“ zusammengefaßt. Im Unterabschnitt 7 jeder Abschnittsgliederung ist jeweils die Bezeichnung der zugehörigen Verfahrensanweisung als „Mitgeltende Unterlage“ angegeben.

4.3.1 Zweck

Zweck der Vertragsprüfung ist es,

sicherzustellen, daß die Qualitätsanforderungen des Auftraggebers zweifelsfrei formuliert und dokumentiert sind und die Regeln der Technik eingehalten werden,

Klarheit und gleichen Wissensstand bei den Vertragspartnern über Auftragsumfang und geforderte Qualität zu schaffen,

notwendige Vertragsänderungen zu erkennen und sie einvernehmlich mit dem Auftraggeber durchzuführen.

4.3.2 Anwendungsbereich

Die Vertragsprüfung wird bei allen Angebotsbearbeitungen und Aufträgen durchgeführt, unabhängig davon, ob der Nachweis eines QM-Systems vertraglich festgelegt ist oder nicht.

4.3.3 Begriffe

In Abwandlung der DIN EN ISO 9001 werden folgende Begriffe verwendet:

Kunde = Auftraggeber

Lieferant = Auftragnehmer

Unterauftragnehmer = Nachunternehmer

4.3.4 Zuständigkeiten

4.3.4.1 Oberste Leitung/Unternehmensleitung

Die rechtsgültige Unterzeichnung von Angeboten, Verträgen bzw. Auftragsbestätigungen erfolgt durch die Oberste Leitung.

4.3.4.2 Leiter Vertrieb = Durchführungsverantwortung

Der Leiter Vertrieb ist zuständig und verantwortlich für die ganzheitliche Prüfung des Angebotes, des Vertrages bzw. der Auftragsbestätigung. Dazu gehören:

Einschaltung von Fachabteilungen

Zusammenfassung und Auswertung der Stellungnahmen

Prüfung auf Einhaltung der Regeln der Technik

Beseitigung von Unklarheiten

Auftragsverhandlungen

Durchführung von Vertragsänderungen bzw. -ergänzungen

Rechtsgültige Vertragsform bei Leistungsbeginn

Bearbeitung von Nachtragsangeboten

Vertragsverhandlungen über außervertragliche Leistungen

Bemusterungen

Anmeldung von Bedenken

4.3.4.3 Mitwirkende Fachabteilungen

Die **Qualitätsstelle** ist einzuschalten zur:

Prüfung auf Übereinstimmung mit dem QM-System

Veranlassung von Vertragsänderungen bzw. -ergänzungen.

Das **Technische Büro** ist einzuschalten zur:

Prüfung der technischen Erfüllbarkeit

Klärung der vertraglichen Anforderungen

Einhaltung der Regeln der Technik

Veranlassung vertraglicher Änderungen

Anmeldung technischer Bedenken

Die **Bauoberleitung** ist einzuschalten zur:

Prüfung der vertraglichen Erfüllbarkeit

Prüfung der terminlichen Erfüllbarkeit

Veranlassung vertraglicher Änderungen

Anmeldung von Vorbehalten oder Bedenken

Der **Einkauf** ist einzuschalten zur:

Prüfung der vertraglichen Erfüllbarkeit

Klärung der vertraglichen Anforderungen

Prüfung der Beschaffbarkeit der Materialien

Veranlassung vertraglicher Änderungen

Anmeldung von Vorbehalten oder Bedenken

4.3.5 Verfahrensablauf

Durchführungsverantwortung: Leiter Vertrieb

Ablauf	Tätigkeit	Ergebnis	Mitwirkend
Anfrageneingang	Erfassung/Registratur, Vorprüfung	Annahme/Absage	
Erarbeitung von Kalkulationgrundlagen	Prüfung der Anforderungen Einschaltung v. Fachabtlg. Vorentwurf, Vorberechnungen, Massenermittlungen, Nachunternehmeranfragen	Kalkulationsunterlagen	Qualitätsstelle Techn. Büro Techn. Büro Techn. Büro Einkauf
Kalkulation	Kostenermittlung für Eigen- und Fremdleistungen, Zusammenfassung der Kosten	Kostenergebnis	
Angebot	Festlegung des Angebotspreises, Zusammenfassung der Angebotsunterlagen, rechtsverbindliche Unterschrift, Angebotsübermittlung	Rechtsverbindliches Angebot	
Auftragserteilung/ Vertrag	Auftragsverhandlung, techn. Vertragsprüfung, kaufm. Vertragsprüfung Übereinstimmungsherstellung mit Auftraggeber, Vertragsunterzeichnung	Auftragsbestätigung/Vertrag	Techn. Büro

4.3.6 Dokumentation

Die Aufzeichnungen über die Vertragsüberprüfung werden vom Leiter Vertrieb zusammengefaßt.

Sie werden in der Auftragsakte aufbewahrt.

Die Dauer der Aufbewahrung ergibt sich aus geltendem Recht.

4.3.7 Mitgeltende Unterlagen

Verfahrensanweisung für die Vertragsprüfung

Muster für die Auftragsbestätigung

Muster für die Anmeldung von Bedenken

Anweisung zur Unterschriftenregelung

4.4.1 Zweck

In diesem Abschnitt wird festgelegt, wie die zur Erfüllung der vertraglichen Leistung notwendigen Planungs- und Berechnungsarbeiten durchgeführt, geprüft und dokumentiert werden.

4.4.2 Anwendungsbereich

Die Festlegungen dieses Abschnittes gelten für die projektbezogenen technischen Bearbeitungen von Angeboten und Aufträgen, insbesondere für

Konstruktionsentwürfe

Vorbemessungen

Massenermittlungen

statische Berechnungen/technische Nachweise

Positionspläne/Übersichtspläne

Konstruktionszeichnungen/Werkpläne

Detailpläne

Herstellungs-, Transport- und Montageanweisungen

4.4.3 Begriffe

Die in DIN EN ISO 9001 – Qualitätsmanagementsysteme – verwendeten Begriffe wie

Design	Designplanung
Designvorgaben	Designergebnis
Designverifizierung	Designvalidierung

werden durch die in der Bauwirtschaft gebräuchlichen Begriffe für die „Technische Bearbeitung“ von Projekten ersetzt.

4.4.4 Zuständigkeiten und Verantwortlichkeiten

4.4.4.1 Leiter Technisches Büro = Durchführungsverantwortung

Der Leiter des Technischen Büros ist zuständig und verantwortlich für die umfassende technische Bearbeitung von Angeboten/Anfragen und Aufträgen, insbesondere für

Bearbeitung von Unterlagen für die Angebotsbearbeitung

Mitarbeit bei der Vertragsprüfung

Übernahme u. Prüfung von Fremdberechnungen u. Fremdplänen

Aufstellung von statischen Berechnungen

Bearbeitung von Positionsplänen/Übersichtsplänen

Bearbeitung von Ausführungsplänen/Werkplänen

Bearbeitung von Detailplänen

Ausarbeitung von ergänzenden Anweisungen

Veranlassung von Prüfungen und Zulassungen

Bearbeitung von Änderungen

Einholung von Zustimmungen und Freigaben

Weiterleitung von freigegebenen Unterlagen

Aufbewahrung und Wartung der Dokumente

4.4.4.2 Mitwirkende Fachabteilungen

Die technische Bearbeitung von Angeboten und Aufträgen erfolgt immer auftrags- bzw. projektbezogen. Entsprechend den gestellten Anforderungen werden die Fachabteilungen gemäß Matrix der Zuständigkeiten und Verantwortlichkeiten eingeschaltet.

4.4.5 Verfahrensablauf

Durchführungsverantwortung: Leiter Technisches Büro

Ablauf	Tätigkeit	Ergebnis	Mitwirkend
Angebotsbearbeitung	Projekterfassung Berechnungen Massenermittlungen Massenüberprüfungen	Kalkulationsunterlagen	
Auftragsbearbeitung	Entwerfen, statisch berechnen, konstruieren Technische Nachweise, Detailbearbeitung Massen ermitteln, Massen prüfen	Übersichtspläne Standsicherheitsnachweis Werkpläne Zulassungen Detailpläne Materiallisten	
Fremdprüfungen	Beantragen, verfolgen	Geprüfte Berechnung, geprüfte Pläne	
Anweisungen	Ergänzen der Pläne durch besondere Anweisungen nach Erfordernis	Anweisungen für besondere Handhabung	
Freigabe	Einholen der Auftrag- geberzustimmung, Freigabe der Produktion	Freigabeerklärung für Produktion und Montage	

Anmerkung:
Die Mitwirkung weiterer Fachabteilungen ergibt sich aus den Anforderungen.

4.4.6 Dokumentation

Die Ergebnisse der technischen Bearbeitung:

statische Berechnungen

Massenberechnungen

Übersichtspläne/Positionspläne

Ausführungspläne/Werkpläne

technische Berechnungen

Detailpläne

Zulassungen/Prüfberichte

Anweisungen

Zustimmungserklärungen/Freigaben

werden projektbezogen im Technischen Büro aufbewahrt.
Die Aufbewahrungsdauer ergibt sich aus geltendem Recht.

4.4.7 Mitgeltende Unterlagen

Verfahrensanweisung „Technische Bearbeitung"

Anweisungen für die Lagerung von Materialien

Anweisungen für die Lagerung von Produkten

Anweisungen für Transporte

Anweisungen für Einbau/Montage

Anweisungen für die Aufbewahrung vertraglicher Unterlagen

4.5.1 Zweck

In diesem Abschnitt wird festgelegt, wie Dokumente erstellt, geprüft, geändert, freigegeben und verwaltet werden.

4.5.2 Anwendungsbereich

Die Festlegungen dieses Abschmittes gelten für Unterlagen und Dokumente, die zur Vertragserfüllung notwendig sind. Das sind:

gesetzliche Vorschriften

Normen

Vertrag

QM-Handbuch

QM-Richtlinien

QM-Anweisungen

Auftragsakten

statische und sonstige technische Berechnungen

Positionspläne/Übersichtszeichnungen

Ausführungszeichnungen/Werkpläne

Beschaffungsunterlagen

Prüfberichte/Prüfprotokolle

Auditberichte

4.5.3 Begriffe

Der Abschnittstitel 4.5 aus der DIN EN ISO 9001 wird geändert von **Lenkung der Dokumente** in **Handhabung der Dokumente.**

4.5.4 Zuständigkeiten und Verantwortlichkeiten

4.5.4.1 Oberste Leitung/Unternehmensleitung

Alle Dokumente mit rechtsverbindlicher Gültigkeit werden von der Unternehmensleitung gemäß Eintragung im Handelsregister unterzeichnet.

4.5.4.2 Leiter Qualitätsstelle = Durchführungsverantwortung

Der Leiter der Qualitätsstelle ist zuständig und verantwortlich für die Anwendung und Wirksamkeit des Verfahrens.

4.5.4.3 Leiter der Fachabteilungen = Mitwirkend

Die Leiter der Fachabteilungen sind in ihren Bereichen gemäß Verfahrensablauf zuständig und verantwortlich für:

Erstellung/Beschaffung der Dokumente

Prüfung der Dokumente

Freigabe der Dokumente

Verteilung/Verfügbarkeit der Dokumente

Führung einer Verteilerliste

Durchführung von Änderungen/Aktualisierungen

Kennzeichnung der Freigabe

Kennzeichnung der Änderung/Aktualisierung

Einzug ungültiger Dokumente

Aktualisierung des QM-Handbuches

Aktualisierung von QM-Richtlinien

Aktualisierung von QM-Anweisungen

Verwaltung und Aufbewahrung der Dokumente

4.5.5 Verfahrensablauf

Durchführungsverantwortung: Leiter Qualitätsstelle

Dokumente	Erstellung Änderung Verwaltung	Prüfung Freigabe	Kennzeichnung Änderungsvermerk Datumsangabe	 Index
Gesetzl. Vorschriften	--	Qualitätsstelle	ja	--
Norme	--	Qualitätsstelle	ja	--
Richtlinien, Merkblätter	--	Qualitätsstelle	ja	ja
Vertragsunterlagen	Vertrieb	Vertrieb	ja	--
QM-Handbuch	Qualitätsstelle	Unternehmensleitung	ja	ja
QM-Richtlinien	Qualitätsstelle	Unternehmensleitung	ja	ja
QM-Anweisungen	Qualitätsstelle	Unternehmensleitung	ja	ja
Statische Berechnungen	Techn. Büro	Techn. Büro	ja	ja
Übersichtspläne	Techn. Büro	Techn. Büro	ja	ja
Werkpläne	Techn. Büro	Techn. Büro	ja	ja
Anweisungen	Techn. Büro	Techn. Büro	ja	ja
Einkaufsunterlagen	Einkauf	Einkauf	ja	ja
Prüfberichte/Protokolle	Zust. Fachabteilung	Zust. Fachabteilung	--	--
Auditbericht	Qualitätsstelle	Unternehmensleitung	ja	--

4.6.1 Zweck

In diesem Abschnitt wird festgelegt, wie die Qualitätserfüllung beim Einkauf von Materialien und Leistungen erfolgt.

4.6.2 Anwendungsbereich

Die Festlegungen dieses Abschnittes gelten für den Einkauf von Materialien, Dienstleistungen und Nachunternehmerleistungen.

4.6.3 Begriffe

Auftraggeber ist der Vertragspartner des Unternehmens, der den Auftrag über Bau- oder Dienstleistungen erteilt hat.

Auftragnehmer ist das vom Auftraggeber beauftragte Unternehmen.

Nachunternehmer ist das vom Auftragnehmer beauftragte Unternehmen zur Erfüllung einer Lieferung oder Leistung.

Nachunternehmerliste ist die von der Fachabteilung Einkauf aufgestellte Liste von Nachunternehmern mit überprüfter Leistungsfähigkeit und Zustimmung der Qualitätsstelle.

Beschaffungsunterlagen sind Beschreibungen der einzukaufenden Materialien/ Leistungen mit klaren Angaben über die zu stellenden Anforderungen wie z. B. genaue Bezeichnung, Typ, Klasse, Bauart, Mengenangaben, Stücklisten, Skizzen, Zeichnungen, Normen, Richtlinien, Qualitätsnachweise, Zeugnisse, Terminangaben, Abnahmen, Kontrollen.

Bestellunterlagen sind Beschaffungsunterlagen mit zusätzl. Angaben über Nachweis einer Haftpflichtversicherung, Unbedenklichkeitserklärung des Finanzamtes, Festlegung von Sicherheitsleistungen, Konventionalstrafen und Audits.

4.6.4 Zuständigkeiten und Verantwortlichkeiten

4.6.4.1 Leiter Einkauf = Durchführungsverantwortung

Er ist zuständig und verantwortlich für die

Prüfung der Beschaffungsunterlagen auf Vollständigkeit
Führung der Lieferantenliste
Einholung von Angeboten
Lieferantenauswahl
Lieferantenbeauftragung

4.6.4.2 Leiter Qualitätsstelle = Mitwirkend

Er ist zuständig und verantwortlich für

Genehmigung der Lieferantenliste
Erarbeitung von Prüfplänen (projektabhängig)
Festlegung von Prüfvorgängen
Einhaltung des QM-Systems

4.6.4.3 Mitwirkende Fachabteilungen

Die Leiter der Fachabteilungen sind in ihren Bereichen zuständig und verantwortlich für

Bedarfserfassung und Bedarfsmeldung
Erarbeitung der Beschaffungsunterlagen für Materialien
Vorschläge für die Lieferantenliste

4.6.5 Verfahrensablauf

Durchführungsverantwortung: Leiter Einkauf

Ablauf	Tätigkeit	Ergebnis	Mitwirkend
Bedarfsermittlung	Massen/Leistung ermitteln, techn. Anforderungen festlegen, Liefertermine bestimmen	Anforderungsliste	Techn. Büro Produktion
Lieferantenauswahl	Lieferanten/Nachunternehmer ermitteln, auf Eignung prüfen, auswählen, Lieferanten-/Nachunternehmerliste erstellen	Lieferantenliste	Qualitätsstelle, Produktion, Techn. Büro
Angebotseinholung	Beschaffungsunterlagen erarbeiten, Angebote einholen	Lieferantenangebote	
Angebotsauswertung	Angebote prüfen, vergleichen, günstigsten Anbieter ermitteln	Vergabevorschlag	Techn. Büro
Bestellung	Bestellungsunterlagen erarbeiten, Auftrag verhandeln, erteilen, protokollieren, Bestätigung einholen	Beauftragung	

4.6.6 Dokumentation

Alle Dokumente über Einkauf/Beschaffung/Nachunternehmerleistungen werden von der Fachabteilung Einkauf aufbewahrt und verwaltet.

4.6.7 Mitgeltende Unterlagen

Verfahrensanweisung Einkauf/Nachunternehmerleistungen

Verfahrensanweisung für externe Audits

Formblatt Bedarfsmeldung

Lieferantenliste

Formblatt Lieferauftrag

Formblatt Nachunternehmerauftrag

4.7.1 Zweck

Dieser Abschnitt regelt die Maßnahmen und Zuständigkeiten, wenn vom Auftraggeber Beistellungen zur vertraglichen Leistung erfolgen.

4.7.2 Anwendungsbereich

Die Festlegungen dieses Abschnittes gelten für die Beistellung von Materialien und Dienstleistungen.

Grundsätzlich unterliegen Beistellungen des Auftraggebers der gleichen Behandlung und den gleichen Prüfungen wie Leistungen gemäß Abschnitt 4.6. Eine Haftungsfreistellung des Auftraggebers bei fehlerhafter Leistung (Verlust, Beschädigung, Unbrauchbarkeit) erfolgt nicht.

Über die Feststellung fehlerhafter Leistungen wird dem Auftraggeber Meldung erstattet.

4.7.3 Begriffe

Es gelten die gleichen Begriffsbestimmungen wie im Abschnitt 4.6.3. Ergänzend wird festgelegt, daß als vom Auftraggeber beigestellte Leistungen nur solche gelten, die für dessen in Auftrag gegebenes Bauwerk verwendet werden bzw. darin Eingang finden.

4.7.4 Zuständigkeiten und Verantwortlichkeiten

4.7.4.1 Leiter Einkauf = Durchführungsverantwortung

Er ist zuständig und verantwortlich für die

- Prüfung der Beistellungsvereinbarung
- Übermittlung der zu stellenden Anforderungen
- Abruf der Leistungen
- Durchführung von Eingangsprüfungen
- Erfassung und Meldung fehlerhafter Produkte
- Ersatzbeschaffungen

4.7.4.2 Leiter Qualitätsstelle

Der Leiter Qualitätsstelle ist zuständig und verantwortlich für

- Erarbeitung von Prüfplänen (projektabhängig)
- Durchführung externer Audits für beigestellte Leistungen
- Festlegung von Prüfvorgängen
- Einhaltung des QM-Systems

4.7.4.3 Mitwirkende Fachabteilungen

Die Leiter der Fachabteilungen sind in ihren Bereichen zuständig und verantwortlich für die Festlegung der Anforderungen an die beizustellenden Leistungen in ihren Bereichen.

4.7.5 Verfahrensablauf

Durchführungsverantwortung: Leiter Einkauf

Ablauf	Tätigkeit	Ergebnis	Mitwirkend
Beistellungsvereinbarung	Vertragliche Festlegung der Beistellung nach Umfang u. Wert	Übereinstimmung über Beistellung	Techn. Büro, Vertrieb
Bedarfsermittlung	Massen/Leistung ermitteln, techn. Anforderungen festlegen, Liefertermine bestimmen	Anforderungsliste	Techn. Büro, Produktion
Abruf der Lieferung	Übermittlung der Anforderungsliste, Herstellen der Übereinstimmung, Bestätigung der Übereinstimmung, Abruf	Lieferung	Techn. Büro
Eingangsprüfung	Durchführung der Eingangsprüfung, Feststellung fehlerhafter Leistungen, Erledigung fehlerhafter Leistungen, Freigabe	Verwendungsfreigabe	Produktion, Techn. Büro

4.7.6 Dokumentation

Alle Lieferdokumente über beigestellte Materialen werden von der Fachabteilung Einkauf aufbewahrt und verwaltet.

Alle Dokumente über beigestellte technische Bearbeitungen werden von der Fachabteilung Technisches Büro aufbewahrt und verwaltet.

Alle Dokumente über beigestellte Baustellenleistungen werden von der Fachabteilung Produktion aufbewahrt und verwaltet.

4.7.7 Mitgeltende Unterlagen

Verfahrensanweisung Einkauf/Nachunternehmerleistungen

Verfahrensanweisung über Beistellungen des Auftraggebers

Verfahrensanweisung für die Durchführung externer Audits

Verfahrensanweisung Eingangsprüfungen

Formblatt Anmeldung von Vorbehalten und Bedenken

4.8.1 Zweck

Dieser Abschnitt regelt die Maßnahmen zur Kennzeichnung, Identifikation und Rückverfolgbarkeit von Produkten, d. h., daß sie von der Angebotsbearbeitung bis zum fertigen Bauwerk den Zeichnungen und Dokumenten zugeordnet werden können.

4.8.2 Anwendungsbereich

Die festgelegten Maßnahmen gelten für den gesamten Umfang der vertraglich vereinbarten Leistung. Abweichende Maßnahmen werden nach Notwendigkeit und Zweckmäßigkeit auftragsbezogen festgelegt.

4.8.3 Begriffe

Produkte im Sinne dieses Abschnittes sind alle materiellen und immateriellen vertraglichen Leistungen. Dazu gehören auch Dienstleistungen, Berechnungen und Pläne.

Kennzeichnung ist jede Art der Markierung von Produkten, die eine Zuordnung zu Dokumenten und Spezifikationen ermöglicht, wie z. B. Stempelung, angehängte Positionsmarken und dergleichen.

Rückverfolgbarkeit bedeutet die Möglichkeit, gleichartige Produktgruppen als Teile der vertraglichen Leistung von der Einbaustelle im fertigen Bauwerk über die Herstellung, die Montage, den Transport, die Konstruktion und die Berechnung bis zur Leistungsbeschreibung im Angebot rückverfolgen und identifizieren zu können.

4.8.4 Zuständigkeiten und Verantwortlichkeiten

4.8.4.1 Leiter Technisches Büro = Durchführungsverantwortung

Er ist zuständig und verantwortlich für die

Festlegung der Positionsbezeichnung

Kennzeichnung in der Berechnung

Kennzeichnung in Konstruktionsplänen

Kennzeichnung in Werkplänen

Kennzeichnung in Materiallisten

Kennzeichnung in Stücklisten

Kennzeichnung in Übersichts-/Montageplänen

4.8.4.2 Leiter Bauoberleitung = Mitwirkend

Er ist zuständig und verantwortlich dafür, daß jedes hergestellte Produkt die festgelegte Kennzeichnung in der festgelegten Ausführung trägt. Das gilt sowohl für die erbrachten Eigenleistungen, für beigestellte Leistungen und für Nachunternehmerleistungen.

4.8.5 Verfahrensablauf

Durchführungsverantwortung: Leiter Technisches Büro

Ablauf	Tätigkeit	Ergebnis	Mitwirkend
Festlegung der Kennzeichnung	Erarbeitung und Kennzeichnungs-systems für alle Produkte	Festlegung des Identifikationssystem	
Kennzeichnung in den Konstruktionsunterlagen	Eintragen der festgelegten Kenn-zeichnung in Be-rechnungen, Pläne und Listen	Identifikationsmerkmal	
Kennzeichnung am Bauteil	Anbringen von Positionsschildern, Stempelungen usw. in unverwechselbarer und dauerhafter Form	Markierung	Bauoberleitung
Dokumentation der Kennzeichnung	Alle Dokumente zur Identifikation der Produkte auf-tragsbezogen sichern	Rückverfolgbarkeit	Bauoberleitung

4.8.6 Dokumentation

Dokumente zur Identifikation sind

- statische Berechnungen
- technische Nachweise
- Konstruktionszeichnungen
- Werkpläne
- Materiallisten
- Stücklisten
- Lieferprotokolle
- Herstellungssprotokolle
- Baustellentagesberichte
- Protokolle von Prüfungen
- Protokolle von Abnahmen

Die Dokumente werden in den zuständigen Fachabteilungen aufbewahrt und verwaltet.

4.8.7 Mitgeltende Unterlagen

Verfahrensanweisung über Kennzeichnung von Produkten

4.9.1 Zweck

Dieser Abschnitt regelt qualitätsrelevante Maßnahmen, die bei der Arbeitsvorbereitung für Baustellenleistungen, für Produktion und Montage anzuwenden sind.

4.9.2 Anwendungsbereich

Das Verfahren findet Anwendung bei allen Baustellenleistungen, bei Produktion, Lagerung, Transport und Montage von Produkten.

4.9.3 Begriffe

Prozeßlenkung als Begriff aus der DIN ISO 9001 - Qualitätsmanagementsysteme - wird ersetzt durch die in der Bauwirtschaft gebräuchlichen Begriffe Arbeitsvorbereitung, Produktion und Montage.

Arbeitsvorbereitung sind alle Maßnahmen, mit denen die Voraussetzungen für eine qualitätsgesicherte Herstellung, Produktion und Montage geschaffen werden.

Produktion sind alle Maßnahmen zur Durchführung der qualitätsgesicherten Herstellung von Produkten.

Montage umfaßt alle Maßnahmen zur Vorbereitung und Durchführung des Einbaus vorgefertigter Bauteile in das Gesamtbauwerk.

4.9.4 Zuständigkeiten und Verantwortlichkeiten

4.9.4.1 Leiter Bauoberleitung = Durchführungsverantwortung

Er ist gesamtverantwortlich für die Einhaltung aller qualitätsrelevanten Maßnahmen bei der Arbeitsvorbereitung, bei Baustellenleistungen, bei Produktion und Montage, insbesondere für

Koordination von Baustellenleistungen und Werksleistungen

Koordination von Eigenleistungen und Fremdleistungen

Bauüberwachung bis zur Abnahme

Bereitstellung der personellen Kapazität

Bereitstellung der maschinellen Kapazität

Bereitstellung der Ausführungsunterlagen

Veranlassung und Durchführung von Prüfungen

Durchführung der Eigenüberwachung

Veranlassung und Durchführung von Abnahmen

Durchführung von Nacharbeiten an der vertraglichen Leistung

4.9.4.2 Mitwirkende Abteilungen

Die **Qualitätsstelle** ist zuständig für die Durchführung interner Audits

die Durchführung externer Audits bei Nachunternehmern

die Erfassung von Qualitätsabweichungen

die Behandlung fehlerhafter Produkte

die Organisation der Fremdüberwachung

4.9.5 Verfahrensablauf

Gesamtverantwortung: Leiter Bauoberleitung

Ablauf	Tätigkeit	Ergebnis	Mitwirkend
Arbeitsvorbereitung	Bereitstellung von techn. Unterlagen, Produktionsstätten und Materialien, Ermittlung des Zeit- und Personalbedarfs, Festlegung der Termine	Bauablaufplan	
Produktion Bauausführung	Herstellen und Kennzeichnen der Produkte, Durchführung von Prüfungen, Kennzeichnen des Prüfstatus	Bauwerk/Produkt	
Lagerung	Einlagern von Materialien, Sichern des Lagerzustandes, Aussondern und Bearbeitung fehlerhafter Produkte, Freigabeerklärung	Einbaubereitschaft	Qualitätsstelle
Transport	Transportorganisation, Transportsicherung, Transport	Anlieferung	
Montage	Abladen der Produkte, Eingangsprüfung, Montage, Nachbearbeitung, Durchführung von Abnahmen	Bauwerk	Qualitätsstelle

4.9.6 Dokumentation

Die Übereinstimmung mit dem geplanten Bauablauf wird in Form einer Soll/Ist-Aufstellung von der Bauoberleitung geführt, aufbewahrt und verwaltet.

Die Ergebnisse der Eigen- und Fremdüberwachung werden von der Betonprüfstelle E (gemäß DIN 1045 - Beton und Stahlbeton - und DIN 1084 Teil 2 - Güteüberwachung -) aufbewahrt und verwaltet.

4.9.7 Mitgeltende Unterlagen

Verfahrensanweisung Arbeitsvorbereitung

Verfahrensanweisung Baustellenleistungen

Verfahrensanweisung Produktion, Lagerung, Transport

Verfahrensanweisung Montage

Betonrezepturen und Mischanweisungen

Gültige Normen

Richtlinien und Merkblätter

Lieferscheine

Prüfzeugnisse

Protokolle der Eigen- und Fremdüberwachung

Anweisung Kennzeichnung von Produkten

Soll/Ist-Aufstellung des Bauablaufes

Abnahmeprotokolle

4.10.1 Zweck

Das Verfahren stellt sicher, daß zugelieferte Produkte eine Eingangsprüfung erfahren, daß Zwischenprüfungen durchgeführt werden und daß in einer Endprüfung die Übereinstimmung des Produktes mit den festgelegten Qualitätsanforderungen festgestellt wird.

4.10.2 Anwendungsbereich

Das Verfahren wird angewendet in den Bereichen Technische Bearbeitung, Beschaffung/Einkauf, Baustellenleistungen, Produktion und Montage.

4.10.3 Begriffe

Eingangsprüfungen erfolgen an allen zugelieferten Produkten. Geprüft wird die Übereinstimmung mit den Beschaffungsunterlagen. Die Prüfung erfolgt vor der Weiterverarbeitung.

Zwischenprüfungen erfolgen während des Bauablaufs bzw. der Herstellung. Die Prüfungen schließen sowohl die Prüfungen aus behördlichen Auflagen und Vorschriften (Eigenüberwachung, Fremdüberwachung) als auch alle intern festgelegten Prüfungen ein.

Endprüfungen erfolgen nach Erfüllung der vertraglichen Leistung.

Abnahmen sind Endprüfungen an Bauleistungen und Bauwerken, an denen Auftraggeber und Auftragnehmer teilnehmen und über die beiderseitig unterschriebene Protokolle angefertigt werden.

4.10.4 Zuständigkeiten und Verantwortlichkeiten

4.10.4.1 Leiter Technisches Büro

Er ist zuständig und verantwortlich für

die Prüfung eigener und beigestellter technischer Unterlagen.

4.10.4.2 Leiter Einkauf

Er ist zuständig und verantwortlich für

Eingangsprüfungen an zugelieferten Produkten

Feststellung der Übereinstimmung mit der Bestellung

Handhabung fehlerhafter Produkte

4.10.4.3 Leiter Bauoberleitung

Er ist zuständig und verantwortlich für

Eingangsprüfungen für Baustoffe

Durchführung der Eigenüberwachung

Zwischenprüfungen während des Bauablaufes

Endprüfungen der erbrachten Bauleistung

Handhabung fehlerhafter Bauleistungen

Abnahme bei Lieferungen ohne Montage

Freigabe der Verwendung

Eingangsprüfung angelieferter Fertigteile

Endprüfung montierter Betonfertigteile

Endprüfung fertiggestellter Bauwerke

Endprüfung von Nachunternehmerleistungen

Beantragung und Durchführung von Abnahmen

Feststellung des Gewährleistungsbeginns

4.10.5 Verfahrensablauf

Die Durchführungsverantwortung ist abhängig von der Art der Prüfung.

Ablauf	Tätigkeit	Ergebnis	Durchführungs-verantwortung
Festlegung der Prüfungen	Erarbeiten des Prüfungsumfanges und -inhalts für Materialien, Produkte u. Nachunternehmerleistungen	Prüfungsliste	Techn. Büro
Eingangsprüfungen	Prüfung auf Erfüllung der vertraglichen Anforderungen, Annahme/Abweisung, Prüfung von Ersatzlieferungen	Eignungsbestätigung	Einkauf, Bauoberleitung, Techn. Büro
Zwischenprüfungen	Prüfungen im Produktionsprozeß, Eigenüberwachung, Fremdüberwachung, widerrufliche Freigaben	Qualitätsbestätigung	Einkauf, Bauoberleitung, Techn. Büro
Endprüfungen	Überprüfung und Umwandlung widerruflicher Freigaben, Freigaben im Werk, Freigaben auf der Baustelle	Montagefreigabe/ Lieferfreigabe	Bauoberleitung, Techn. Büro
Abnahmen	Abnahmen bei Lieferanten, Abnahmen im Werk, Abnahmen am Bauwerk	Abnahmeprotokoll	Bauoberleitung, Techn. Büro
Dokumentation	Dokumente und Aufzeichnungen aufbewahren und verwalten	Prüfaufzeichnungen	Bauoberleitung, Techn. Büro

4.10.6 Dokumentation

Dokumente und Aufzeichnungen über beigestellte oder von Nachunternehmern gelieferte technische Unterlagen werden vom technischen Büro aufbewahrt und verwaltet.

Dokumente und Aufzeichnungen über Eingangsprüfungen von zugelieferten Materialien werden von der Fachabteilung Einkauf aufbewahrt und verwaltet.

Dokumente und Aufzeichnungen der Eigen- und Fremdüberwachung werden von der Prüfstelle E (Eigenüberwachung) aufbewahrt und verwaltet.

Dokumente und Aufzeichnungen von Prüfungen und Abnahmen auf der Baustelle werden von der Fachabteilung Montage aufbewahrt und verwaltet.

4.10.7 Mitgeltende Unterlagen

Verfahrensanweisung Eingangsprüfungen

Verfahrensanweisung Zwischenprüfungen

Verfahrensanweisung Endprüfungen auf der Baustelle

Verfahrensanweisung Handhabung fehlerhafter Produkte

Formblatt Abnahmeprotokoll

Formblatt Schlußabnahme

Verfahrensanweisung Eigen- und Fremdüberwachung

4.11.1 Zweck

In diesem Abschnitt wird festgelegt, daß alle Prüfmittel, mit denen die vertraglichen Qualitätsanforderungen erfüllt werden sollen, geprüft, überwacht, kalibriert, geeicht und instand gehalten werden.

4.11.2 Anwendungsbereich

Die Festlegungen werden in den Bereichen Baustellen, Produktion, Transport, Montage und Materialprüfung angewendet.

4.11.3 Begriffe

Prüfmittel sind alle Meßvorrichtungen einschließlich Software, mit denen Abmessungen, Gewichte, Festigkeiten, Druck, Temperatur und weitere festgelegte Eigenschaften geprüft werden, z. B.
Maßstäbe - Maßbänder - Lehren - Barometer - Thermometer - Druckmeßgeräte - Prellhämmer - Prüfpressen - Waagen - Laborgeräte - Nivellierinstrumente - Lasergeräte - usw.

Kalibrieren ist das Feststellen einer systematischen Abweichung ohne Veränderung der Einstellung des Prüfmittels und die Entscheidung bezüglich des weiteren Einsatzes.

Justieren ist das genaue Einstellen einer Meßvorrichtung.

Eichung ist eine amtliche Prüfung, mit der die Genauigkeit von Meßvorrichtungen hergestellt und geprüft wird.

4.11.4 Zuständigkeiten und Verantwortlichkeiten

4.11.4.1 Leiter Qualitätsstelle

Er ist zuständig und verantwortlich für

- Auswahl der Prüfmittel
- Eignungsprüfung der Prüfmittel
- Festlegung der zu überwachenden Prüfmittel
- Festlegung der Prüfmethoden
- Festlegung der Wartungsmaßnahmen
- Festlegung der Prüfintervalle
- Kennzeichnung des Kalibrierzustandes
- Kennzeichnung der letzten und nächsten Prüfdaten
- Erfassung fehlerhafter Prüfmittel
- Korrektur fehlerhafter Prüfmittel
- Prüfung korrigierter Prüfmittel
- Freigabe korrigierter Prüfmittel
- Prüfung der Prüfprotokolle

4.11.4.2 Einzuschaltende Abteilungen

Alle Mitarbeiter, die Prüfungen durchführen oder Umgang mit Prüfmitteln haben, sind verpflichtet, erkannte Fehler an Prüfmitteln und Prüfmethoden der Qualitätsstelle zu melden.

4.11.5 Verfahrensablauf

Durchführungsverantwortung: Bauoberleitung

Ablauf	Tätigkeit	Ergebnis	Mitwirkend
Auswahl der	Prüfmittel auswählen, Prüfmittel und bestätigen, Prüfmethoden und Prüfintervalle festlegen	die Eignung prüfen Prüfmittelliste	Qualitätsstelle
Überwachung/Kalibrierung/	Durchführen von Eichung der Prüfmittel Fremdprüfungen nach festgelegten Methoden in festgelegten Intervallen	Eigenprüfungen und Verwendungsfreigabe	
Kennzeichnung der Prüfmittel	Kennzeichnen der letzten Überprüfung, Kennzeichnen der nächsten Überprüfung	Prüfmittelstatus	
Behandlung fehlerhafter Prüfmittel	Erfassen fehlerhafter Prüfmittel, Überprüfen zurückliegender Ergebnisse, Fehler beseitigen, Prüfungen wiederholen, Eignung wiederherstellen, Prüfmittel freigeben	Fehlerkorrektur	Qualitätsstelle
Wartung/Handhabung	Prüfmittel pflegen, Wartungsmethoden und -intervalle einhalten, Wartungsstatus kennzeichnen	Wartungsstatus	
Sicherung der Prüfmittel	Prüfmittel schützen, gesichert aufbewahren, Gebrauchsfähigkeit gesichert aufrechterhalten	Funktionsfähigkeit	

4.11.6 Dokumentation

Dokumente sind alle Protokolle von Überprüfungen der Prüfmittel. Sie werden in der Fachabteilung Bauoberleitung aufbewahrt und verwaltet.

4.11.7 Mitgeltende Unterlagen

Prüfmittelliste

Verfahrensanweisung Wartung von Prüfmitteln

Verfahrensanweisung Überprüfung von Prüfmitteln

Verfahrensanweisung Behandlung fehlerhafter Prüfmittel

Verfahrensanweisung Kennzeichnung von Prüfmitteln

4.12.1 Zweck

In diesem Abschnitt wird festgelegt, daß Produkte nur dann verwendet werden, wenn sie die festgelegten Qualitätsprüfungen bestanden haben und der Prüfstatus = Prüfzustand identifizierbar ist.

4.12.2 Anwendungsbereich

Die Festlegungen gelten für alle Produkte materieller und immaterieller Art.

4.12.3 Begriffe

Prüfstatus ist gleichbedeutend mit Prüfzustand.

Kennzeichnung ist die an jedem Produkt angebrachte, deutlich lesbare Markierung mit folgenden Angaben:

- Herstellername - Firmenzeichen
- Positionsbezeichnung
- Herstellungsdatum
- Prüfvermerke
- Freigabevermerke

Falls erforderlich werden zusätzlich angegeben:

- Besonderheiten der Lagerung
- Besonderheiten zur Transportsicherung
- Besonderheiten zum Einbau bzw. zur Montage

Grundsätzlich erhalten unterschiedliche Produkte auch unterschiedliche Positionsbezeichnungen.
Die Kennzeichnung erfolgt durch Stempelung, Anhänger, Begleitkarte oder sonstige unverwechselbare Maßnahmen.

4.12.4 Zuständigkeiten und Verantwortlichkeiten

4.12.4.1 Leiter Technisches Büro

Er ist zuständig und verantwortlich für die

Festlegung der Positionsbezeichnung

Prüfvermerke auf technischen Unterlagen

Angabe des Prüfstatus auf technischen Unterlagen

4.12.4.2 Leiter Bauoberleitung

Er ist zuständig und verantwortlich für die

Durchführung der Kennzeichnung auf Produkten

Angabe des Prüfstatus auf Produkten

Freigabe zur Verwendung

Freigabe zur Abnahme

Feststellung des Prüfstatus auf der Baustelle

Angabe des Prüfstatus bei Abnahme

4.12.5 Verfahrensablauf - Darstellung hier nicht erforderlich.

4.12.6 Dokumentation

Die Berechnungen und die Konstruktionszeichnungen/Werkpläne werden als Dokumente des Prüfzustandes im technischen Büro aufbewahrt. Die Prüfaufzeichnungen über Herstellung und Verwendung bzw. Montage werden in der Fachabteilung Bauoberleitung aufbewahrt.

4.12.7 Mitgeltende Unterlagen

Verfahrensanweisung Prüfstatus

4.13.1 Zweck

In diesem Abschnitt wird festgelegt, wie fehlerhafte Produkte erfaßt, markiert, aussortiert, nachgebessert bzw. ersetzt werden.

4.13.2 Anwendungsbereich

Die Festlegungen gelten für alle materiellen und immateriellen Produkte.

4.13.3 Begriffe

Qualitätsabweichungen liegen vor, wenn Produkte die vertraglichen Anforderungen nicht erfüllen. Eingeschlossen sind die Ergebnisse der technischen Bearbeitung.

Technischer Mangel ist ein Mangel, der die Funktionsfähigkeit, die Standfestigkeit oder die Dauerhaftigkeit des Produktes oder des Bauwerkes mindert.

Optischer Mangel ist ein Mangel nichttechnischer Art, der die optisch/ästhetische Erscheinung mindert.

Nachbearbeitungen sind zulässige nachträgliche Arbeiten an fehlerhaften Produkten, mit denen der festgestellte Fehler dauerhaft beseitigt wird.

Ersatzmaßnahmen sind Nachbearbeitungen, bei denen durch Anwendung ursprünglich nicht vorgesehener Maßnahmen eine technische Gleichwertigkeit erreicht wird. Ihre Anwendung bedarf der Zustimmung des Auftraggebers.

4.13.4 Zuständigkeiten und Verantwortlichkeiten

Allgemeine Vorbemerkung: Zur Meldung als fehlerhaft erkannter Produkte sind alle Mitarbeiter verpflichtet.

4.13.4.1 Leiter Bauoberleitung

Bei fehlerhaften Produkten ist er zuständig und verantwortlich für

Feststellung der Fehlerhaftigkeit

Anordnung der Sonderbehandlung

Feststellung von technischen Mängeln

Feststellung von optischen Mängel

Beurteilung der Mängel

Feststellung der Mängelursachen

Festlegung von Nachbearbeitungen

Vereinbarung von Ersatzmaßnahmen

Entscheidung über Aussortierung

Abnahme und Freigabe

4.13.4.2 Mitverantwortliche Stellen

Der **Leiter des Technisches Büros** ist zuständig und verantwortlich für die Erfassung fehlerhafter Ergebnisse der technischen Bearbeitung, für deren Aussonderung und Nachbearbeitung und für den Austausch der Unterlagen.

Der **Leiter der Qualitätsstelle** ist zuständig und verantwortlich für die Erfassung von Systemfehlern, für die Erarbeitung von Methoden zur Fehlervermeidung und für die Verbesserung des QM-Systems.

4.13.5 Verfahrensablauf

Durchführungsverantwortung: Leiter Bauoberleitung

Ablauf	Tätigkeit	Ergebnis	Mitwirkend
Fehlererkennung	Alle Mitarbeiter melden die Erkennung fehlerhafter Produkte an den Leiter der Fachabteilung	Fehlererfassung	Alle Mitarbeiter
Sicherstellung/ Kennzeichnung	Fehlerhaftes Produkt wird ausgesondert und als fehlerhaft gekennzeichnet, Verwendung ausgeschlossen	Sicherung der Nichtverwendung	Techn. Büro, Qualitätsstelle
Untersuchung/ Bewertung	Fehlerhaftes Produkt wird untersucht, der Fehler bewertet und Nachbearbeitung, Ersatzmaßnahme oder Neuanfertigung entschieden	Entscheidung über Maßnahmen	Techn. Büro, Qualitätsstelle
Bearbeitung/ Neuanfertigung	Die festgelegte Nachbearbeitung, Ersatzmaßnahme oder Neufertigung wird durchgeführt, die Fehlerbeseitigung überprüft und abgenommen bzw. die Zustimmung des Auftraggebers eingeholt	Fehlerbeseitigung	Techn. Büro, Qualitätststelle
Freigabe	Der Status der Fehlerbeseitigung wird gekennzeichnet und Freigabe erteilt	Qualitätsbestätigung	Techn. Büro

4.13.6 Dokumentation

Die Dokumentation über fehlerhafte Produkte erfolgt auftragsbezogen. Die Dokumente werden von der Fachabteilung Bauoberleitung aufbewahrt und verwaltet.

Die Dokumente über fehlerhafte Ergebnisse der technischen Bearbeitung werden im technischen Büro aufbewahrt und verwaltet.

Die Dokumente über Abweichungen vom QM-System werden in der Qualitätsstelle aufbewahrt und verwaltet.

4.13.7 Mitgeltende Unterlagen

Verfahrensanweisung Qualitätsabweichungen

Merkblatt Beurteilung technischer Mängel

Merkblatt Beurteilung optischer Mängel

Formblatt Mängelbericht

4.14.1 Zweck

In diesem Abschnitt wird festgelegt, durch welche Maßnahmen Schwachstellen und Fehler im QM-System festgestellt und durch welche Maßnahmen sie zukünftig vermieden werden.

4.14.2 Anwendungsbereich

Das Verfahren wird in allen Phasen der Vertragserfüllung von der Angebotsbearbeitung bis zur Gewährleistung angewendet.

4.14.3 Begriffe

Systemfehler sind immer, häufig oder periodisch auftretende Fehler, die zu Abweichungen vom QM-System führen und nicht auf einen einzelnen, einmalig auftretenden Einfluß zurückzuführen sind.

Externe Fehlermeldungen sind Meldungen über Fehler, die bis zum Ende der Gewährleistung vom Auftraggeber vorgetragen werden.

Interne Fehlermeldungen sind entsprechende Meldungen, die durch alle Mitarbeiter aller Fachabteilungen erfolgen.

4.14.4 Zuständigkeiten und Verantwortlichkeiten

4.14.4.1 Leiter Qualitätsstelle

Er ist zuständig und verantwortlich für die

- Erfassung externer Fehlermeldungen
- Erfassung interner Fehlermeldungen
- Veranlassung von Sofortmaßnahmen
- Sicherung des Untersuchungsmaterials
- Ursachenforschung im personellen Bereich
- Ursachenforschung im materiellen Bereich
- Ursachenforschung im organisatorischen Bereich
- Feststellung der Fehlerursachen
- Erarbeitung von Änderungsmöglichkeiten
- Vorschläge von Änderungsmaßnahmen
- Durchsetzung der Änderung
- Überprüfung der Wirksamkeit

4.14.4.2 Oberste Leitung/Unternehmensleitung

Sie ist zuständig für Entscheidungen über die Änderung/Ergänzung des QM-Systems zwecks Aufrechterhaltung seiner Wirksamkeit.

4.14.5 Verfahrensablauf

Gesamtverantwortung: Leiter Qualitätsstelle

Ablauf	Tätigkeit	Ergebnis	Verantwortl. Stelle
Fehlermeldung	Erkennung von Fehlern, Meldung von erkannten Fehlern, Veranlassung von Sicherheitsmaßnahmen	Sofortmaßnahmen	Alle Fachabtlg. Qualitätsstelle
Fehlererfassung	Feststellen von Fehlerart und Fehlerumfang, statistische Erfassung, Sicherung des Unter suchungsmöglichkeit	Objektsicherung	Qualitätsstelle
Ursachenanalyse	Feststellen der Fehlerursache, statistische Untersuchungen, Messungen, Analysen	Fehlerursache	Qualitätsstelle
Änderungs-entscheidung	Erarbeiten von Änderungsmöglichkeiten, techn. und wirtschaftlicher Vergleich der Lösungen, Entscheidung	Änderungsmaßnahme	Oberste Leitung, Qualitätststelle
Änderungsvollzug	Dokumentieren der Änderung, Durchsetzen der Änderung	Änderung	Qualitätsstelle
Überprüfung der Wirksamkeit	Prüfung und Überwachung	Bestätigung	Qualitätsstelle

4.14.6 Dokumentation

Die Dokumente über Erfassung und Beseitigung von Systemfehlern werden von der Qualitätsstelle aufbewahrt und verwaltet.

4.14.7 Mitgeltende Unterlagen

Verfahrensanweisung Korrektur- und Vorbeugungsmaßnahmen

Verfahrensanweisung Erfassung von Systemfehlern

Verfahrensanweisung Bearbeitung von Systemfehlern

Verfahrensanweisung Änderung des QM-Systems

4.15.1 Zweck

Dieser Abschnitt regelt die qualitätsrelevanten Maßnahmen zum Schutz der Produkte bis zur Beendigung der vertraglichen Leistung.

4.15.2 Anwendungsbereich

Die Maßnahmen gelten für alle Fachbereiche und Produkte.

4.15.3 Begriffe

Handhabung umfaßt alle Maßnahmen zur Erbringung und Fertigstellung der vertraglichen Leistung bis zur Abnahme.

Lagerung beginnt mit dem Abladen von Materialien und Zwischenprodukten und Lagerung auf einem vorbereiteten Lagerplatz auf der Baustelle, schließt die Lagerdauer ein und endet mit der Fortbewegung zwecks Weiterverarbeitung oder Montage.

Transport ist die Beförderung von Produkten oder Zwischenprodukten zur Baustelle mit Straßen-, Wasser- oder Schienenfahrzeugen einschließlich der Sicherungsmaßnahmen bis zum Abladen auf der Baustelle.

Montage beginnt mit dem Aufnehmen vom Transportfahrzeug auf der Baustelle oder vom Zwischenlager, beinhaltet das Einfügen ins Bauwerk und endet mit der festen Verbindung mit dem Bauwerk.

4.15.4 Zuständigkeiten und Verantwortlichkeiten

4.15.4.1 Leiter Technisches Büro

Er ist zuständig und verantwortlich für die

Festlegung der Schutzmaßnahmen bei der Herstellung

Festlegung der Schutzmaßnahmen für die Lagerung

Festlegung der Schutzmaßnahmen für Transport und Montage

Festlegung besonderer Sicherungsmaßnahmen

4.15.4.2 Leiter Bauoberleitung

Er ist zuständig und verantwortlich für die Durchführung und Überwachung aller festgelegten Schutzmaßnahmen auf der Baustelle.

4.15.5 Verfahrensablauf - Ist durch Verfahrensanweisungen geregelt.

4.15.6 Dokumentation

Dokumente sind die Werkpläne, die Baustellenberichte, die Anweisungen für Handhabung,Lagerung,Transport und Montage, Lieferscheine, Transportpapiere und Abnahmeprotokolle. Die Dokumente werden auftragsbezogen in den Fachabteilungen aufbewahrt und verwaltet.

4.15.7 Mitgeltende Unterlagen

Verfahrensanweisung Handhabung, Lagerung, Transport, Montage

Verfahrensanweisung für Schutzmaßnahmen im Lager

Verfahrensanweisung für Schutzmaßnahmen beim Transport

Verfahrensanweisung für Schutzmaßnahmen bei der Montage

Verfahrensanweisung für Schutzmaßnahmen auf der Baustelle

4.16.1 Zweck

Dieser Abschnitt regelt die Maßnahmen zur Erfassung, Ordnung, Aufbewahrung und Pflege der festgelegten Qualitätsaufzeichnungen und Sicherung der Einsehbarkeit während der vertraglichen bzw. gesetzlichen Aufbewahrungsdauer.

4.16.2 Anwendungsbereich

Die Maßnahmen werden bei allen Qualitätsaufzeichnungen, die als Dokumente in den Abschnitten des Handbuches angeführt sind, angewendet.

4.16.3 Begriffe

Auftragsdokumente sind Aufzeichnungen über die Durchführung von Maßnahmen, die speziell für Produkte oder Leistungen eines Auftrages durchgeführt werden.

Baustellendokumente sind Aufzeichnungen, die auftragsübergreifende Überwachungen, Prüfungen und Abnahmen betreffen, z. B. Materialprüfungen, Protokolle der Eigen- und Fremdüberwachung.

4.16.4 Zuständigkeiten und Verantwortlichkeiten

4.16.4.1 Leiter Qualitätsstelle

Er ist zuständig und verantwortlich für die Herausgabe und Durchsetzung einer Verfahrensanweisung mit folgendem Inhalt:

- Festlegung der zu sichernden Dokumente
- Festlegung der Identifizierungsmaßnahmen
- Festlegung der Erfassungsmaßnahmen
- Festlegung des Aufbewahrungsortes
- Festlegung der Aufbewahrungsdauer
- Festlegung der Dokumentenpflege
- Festlegung der Dokumentenentsorgung
- Überwachung der Dokumentensicherung

4.16.4.2 Leiter aller Fachabteilungen

Sie sind zuständig und verantwortlich für die Durchführung der festgelegten Maßnahmen in ihrem jeweiligen Fachbereich.

4.16.5 Verfahrensablauf

Die Dokumentenliste, die Verantwortlichkeit und das Identifikationsmerkmal sind in nachfolgender Matrix angegeben.

Bis zum Ablauf der vertraglichen Aufbewahrungsdauer erfolgt die Aufbewahrung in der verantwortlichen Fachabteilung.

Nach Ablauf der vertraglichen Aufbewahrungsdauer erfolgt die Aufbewahrung im Zentralarchiv.

4.16.6 Dokumentenmatrix

Dokumentenart	Identifikationsmerkmale	Durchführungsverantwortung
QM-Handbuch QM-Anweisungen QM-Richtlinien QM-Pläne	 Datum/Index Projektname Auftragsnummer	 Qualitätsstelle
Angebot Vertrag Vertragsergänzungen	Datum/Index Projektname Auftragsnummer	 Vertrieb
Berechnungen Zeichnungen Beigestellte Unterlagen Anweisungen Prüfberichte	 Datum/Index Projektname Auftragsnummer	 Technisches Büro
Lieferantenliste Bestellunterlagen Beistellungsunterlagen Prüfprotokolle	 Datum/Index Projektname Auftragsnummer	 Einkauf
Baustellenberichte Lieferscheine Abnahmeprotokolle Protokolle Eigenüberwachung Protokolle Fremdüberwachung	 Datum/Index Projektname Auftragsnummer	 Bauoberleitung
Prüfmittelliste Prüfmittelprüfprotokolle Fehlermeldungen Protokolle Fehlerbeseitigung Korrekturmaßnahmen Auditprotokolle	 Datum	 Qualitätsstelle

4.17.1 Zweck

Dieser Abschnitt regelt die Maßnahmen zur regelmäßigen Überprüfung des Systems auf Wirksamkeit und zur Verbesserung des QM-Systems.

4.17.2 Anwendungsbereich

Interne Audits werden als System-, Verfahrens- und als Produktaudits durchgeführt.

4.17.3 Begriffe

Audit Gemäß DIN ISO 8402 - Qualitätsmanagement - Begriffe - ist ein Audit „eine systematische und unabhängige Untersuchung, um festzustellen, ob die qualitätsbezogenen Tätigkeiten und damit zusammenhängende Ergebnisse den geplanten Anordnungen entsprechen und ob diese Anordnungen tatsächlich verwirklicht und geeignet sind, die Ziele zu erreichen."

Interne Audits werden von qualifizierten und unabhängigen Mitarbeitern der Qualitätsstelle nach festen Auditplänen durchgeführt.

Externe Audits werden von Mitarbeitern der Qualitätsstelle unter Mitwirkung der jeweiligen Fachabteilung bei Zulieferanten und Nachunternehmern durchgeführt.

4.17.4 Zuständigkeiten und Verantwortlichkeiten

4.17.4.1 Oberste Leitung/Unternehmensleitung

Sie ist zuständig für die Bestätigung der Wirksamkeit und der Effizienz des QM-Systems und für Entscheidungen zur Verbesserung des QM-Systems.

4.17.4.2 Leiter Qualitätsstelle

Er ist zuständig und verantwortlich für die

- Festlegung von Art und Umfang der Audits
- Aufstellung eines Auditplanes
- Benennung der Auditoren
- Durchführung interner Audits
- Bewertung der Auditergebnisse
- Veranlassung von Sofortmaßnahmen
- Erarbeitung von Auditberichten
- Regelmäßige Vorlage der Berichte bei der obersten Leitung
- Information der Fachabteilungen
- Vorschläge zur Systemänderung bzw. -verbesserung
- Durchsetzung der Änderungen und Verbesserungen

4.17.4.3 Leiter aller Fachabteilungen

Sie sind zuständig und verantwortlich für die Durchführung von Änderungen und Verbesserungen in ihren Fachabteilungen.

4.17.5 Verfahrensablauf

Durchführungsverantwortung: Leiter Qualitätsstelle

Ablauf	Tätigkeit	Ergebnis	Mitwirkend
Auditplan	Festlegung der Auditart und des Auditumfanges, Benennung der Auditoren, Festlegung der Zeitabläufe und des Fragenkataloges	Entwurf Auditplan	Fachabteilungen
Genehmigung	Genehmigung des Entwurfes, Bereitstellung organisatorischer und personeller Kapazität	Auditplan	Oberste Leitung
Durchführung	Systematische Bearbeitung des Fragenkataloges in den Abteilungen, auf den Baustellen und bei Nachunternehmern/Zulieferanten	Auditergebnisse	Fachabteilungen
Bericht	Deutliche Aussagen über Abweichungen und Fehler, Wertung der Aussagen, Information der Fachabteilungen, evtl. Veranlassung von Sofortmaßnahmen	Auditerkenntnisse	
Empfehlungen	Erarbeiten des Berichtes, Vorschläge für Änderungen, und Verbesserungen, Berichterstattung, Vorlage bei Oberster Leitung	Auditbericht	
Entscheidungen	Bestätigung des Systems oder Entscheidung über Änderungen und Verbesserungen (dann Wiederholung des Verfahrens)	Sicherung der Wirksamkeit	Oberste Leitung

4.17.6 Dokumentation

Alle Dokumente der internen Audits werden von der Qualitätsstelle aufbewahrt und verwaltet.

4.17.7 Mitgeltende Unterlagen

Verfahrenanweisung Interne Qualitätsaudits

Formblatt Auditplan

Formblatt Auditfragenkatalog

Formblatt Auditdurchführung

Formblatt Auditbericht

Formblatt Systemverbesserung

Formblatt Systemänderung

4.18.1 Zweck

Dieser Abschnitt regelt die Maßnahmen zur Qualifizierung des Personals, zur Ermittlung des Schulungsbedarfs, zur Auswahl der zu schulenden Mitarbeiter und zur Festlegung des Schulungsprogramms.

4.18.2 Anwendungsbereich

Die Maßnahmen sind für alle Mitarbeiter mit qualitätsrelevanten Tätigkeiten durchzuführen .

4.18.3 Begriffe

Schulungsbedarf ist das Ermittlungsergebnis über notwendigen Schulungsumfang und -inhalt und über die personelle Auswahl.

Interne Schulung sind Vortragsveranstaltungen und Seminare für alle Mitarbeiter mit qualitätsrelevanten Tätigkeiten.

Externe Schulung ist Teilnahme an weiterbildenden externen Veranstaltungen für Mitarbeiter mit internen Schulungsaufgaben, die Teilnahme an externen Seminaren und die Mitarbeit in übergeordneten Gremien.

4.18.4 Zuständigkeiten und Verantwortlichkeiten

4.18.4.1 Leiter Qualitätsstelle

Er ist zuständig und verantwortlich für die

- Systeminformation für alle Leiter von Fachabteilungen
- Veranlassung der Bedarfsermittlung
- Erarbeitung eines Schulungsplanes
- Qualifizierung des Schulungspersonals
- Festlegung des Schulungsinhalts
- Festlegung des Schulungsumfangs
- Festlegung der Schulungsteilnehmer
- Durchführung des Schulungsprogramms
- Überprüfung der Wirksamkeit

4.18.4.2 Leiter aller Fachabteilungen

Sie sind innerhalb ihrer Fachabteilung zuständig und verantwortlich für die

- Ermittlung des Schulungsbedarfs
- Festlegung der Teilnehmer
- Erarbeitung von Teilschulungsplänen
- Schulung nachgeordneter Mitarbeiter
- Überprüfung der Wirksamkeit

4.18.5 Verfahrensablauf

Durchführungsverantwortung: Leiter Qualitätsstelle

Ablauf	Tätigkeit	Ergebnis	Mitwirkend
Ermittlung des Bedarfs	Feststellung des Wissensstandes der Mitarbeiter, Bedarfsbestimmung für Schulungsinhalt, Schulungsumfang und Schulungshäufigkeit	Bedarfsfeststellung	Fachabteilungen
Teilnehmerbestimmung	Auswahl der Teilnehmer, Eingruppierung nach Berufsvorbildung, Position und Verantwortung im Werk	Teilnehmerliste	Fachabteilungen
Schulung	Erarbeitung des Planes, Festlegung des Schulungsprogrammes, der Schulungsorganisation, Durchführung der Schulung	Schulungsprogramm	Fachabteilungen
Wirksamkeitsprüfung	Überwachung der Durchführung, Kontrolle der Teilnahme, Feststellung des Schulungserfolges, Entscheidung über Änderungen bzw. Verbesserungen	Wirksamkeitsfeststellung	

4.1.6 Dokumentation

Alle Dokumente der Schulung werden von der Qualitätsstelle aufbewahrt und verwaltet.

4.18.7 Mitgeltende Unterlagen

Verfahrensanweisung Schulung

Formblatt Schulungsplan

Formblatt Qualifikationsnachweise

Formblatt Schulungsprogramm

Formblatt Schulungsprotokolle

Formblatt Teilnehmerliste

4.19.1 Zweck

Vorbemerkung: In Abweichung von der Abschnittsgliederung der DIN ISO 9001 - Qualitätsmanagementsysteme - wird in diesem Abschnitt die vertragliche Gewährleistung behandelt.

4.19.2 Anwendungsbereich

Die Regelungen gelten für alle vertragliche Leistungen.

4.19.3 Begriffe

Gewährleistung regelt die Verpflichtungen des Auftragnehmers gegenüber seinem Auftraggeber nach erfolgter Abnahme der vertraglichen Leistung für die vereinbarte Gewährleistungsdauer.

4.19.4 Zuständigkeiten und Verantwortlichkeiten

Die oberste Leitung ist zuständig für die Entgegennahme von Gewährleistungsansprüchen und alle weiteren Veranlassungen.

4.19.5 Verfahrensablauf siehe nächste Seite 4.19.2

4.19.6 Dokumentation

Dokumente der Gewährleistung werden auftragsbezogen von der zuständigen Fachabteilung aufbewahrt und verwaltet.

4.19.7 Mitgeltende Unterlagen

Verfahrensanweisung Gewährleistung
Abnahmeprotokolle

4.19.5 Verfahrensablauf

Durchführungsverantwortung: Oberste Leitung/Unternehmensleitung

Ablauf	Tätigkeit	Ergebnis	Mitwirkend
Eingang v. Ansprüchen	Registrierung, techn. Vorprüfung, vertragl. Vorprüfung, Entscheidung	Anerkennung/Absage	Fachabteilungen
Fehlererfassung	Feststellen von Fehlerart und Fehlerumfang, statistische Erfassung, Sicherung der Untersuchungsmöglichkeit, Veranlassung von Sofortmaßnahmen	Schutzmaßnahmen	Fachabteilungen
Ursachenanalyse	Feststellen der Fehlerursache, statistische Untersuchungen, Messungen, Analysen	Fehlerursache	Fachabteilungen
Fehlerbeseitigung	Erarbeiten von Änderungsmöglichkeiten, techn. und wirtschaftlicher Vergleich der Lösungen, Abstimmung mit Auftraggeber, Durchführung der Fehlerbeseitigung	Anspruchserfüllung	Fachabteilungen
Systemüberprüfung	Prüfung auf Fehler im System, Änderung bzw. Verbesserung des Systems	Systemverbesserung	Oberste Leitung

4.20.1 Zweck

Dieser Abschnitt regelt den Einsatz statistischer Methoden zum Nachweis der Vertragserfüllung, sofern sie als zweckmäßig erachtet werden.

4.20.2 Anwendungsbereich

Der Einsatz statistischer Methoden erfolgt bei festgestellter Zweckmäßigkeit für alle Prozesse und Produktmerkmale.

4.20.3 Begriffe

Die Begriffe für besondere statistische Methoden werden bei Bedarf der zutreffenden Europäischen Norm entnommen.

4.20.4 Zuständigkeiten und Verantwortlichkeiten

Zuständig für die Anwendung statistischer Methoden ist die Oberste Leitung/Unternehmensleitung.

4.20.5 Verfahrensablauf

Der Verfahrensablauf wird in einer Verfahrensanweisung festgelegt, die von der Qualitätsstelle erarbeitet wird.

4.20.6 Dokumentation

Die Dokumente über die Anwendung statistischer Methoden werden von der Qualitätsstelle aufbewahrt und verwaltet.

4.20.7 Mitgeltende Unterlagen

Verfahrensanweisung bei Erfordernis

Die Deutsche Bibliothek - CIP-Einheitsaufnahme
Elsner, Willi:
Qualitätsmanagement für Baubetriebe / Willi Elsner. -
Wiesbaden ; Berlin : Bauverl., 1997
Enth.: Teil 1. Information und Anleitung. - Teil 2. Das Qm-Musterhandbuch für Baubetriebe

ISBN 978-3-322-84890-1 ISBN 978-3-322-84889-5 (eBook)
DOI 10.1007/978-3-322-84889-5

Satz: Satzstudio Zeil, Frankfurt am Main